前　言

《Python 编程：从数据分析到数据科学》一书自出版以来，以独有的顶层设计、深入浅出的编写风格、实用性强的内容选择、简明扼要的知识讲解以及对数据分析和数据科学思路的专业解读，得到了同行专家和广大读者的一致认可，多次被全国高校和数据分析或数据挖掘类师资培训选为教材，已成为近年国内数据科学、数据分析领域的精品图书和热门畅销书之一。但是，《Python 编程：从数据分析到数据科学》的编写定位是已学过 C 或 Java 语言的读者群体，对于零编程语言基础的读者而言，略显高深，主要表现为三方面：一是文字描述过少，尤其是略过了对编程语言的基础和通用性知识的讲解；二是全书篇幅和知识涉及面过广，有些内容的难度较高，如 Spark 编程等；三是缺少习题和学习指南。因篇幅原因，上述内容并非收录于该书的正文中，而以配套资源方式提供。

为此，根据面向零编程语言基础的读者和数据分析者的学习需要，我们特地撰写了本书。本书在继承和保留《Python 编程：从数据分析到数据科学》的优良传统的基础上，主要进行了如下四方面的修改与创新：

① 加强文字解读，将以图片版为主的原书内容转写为以文字版为主的教材，补充了较为详尽的文字描述，以消除零基础读者的阅读障碍。

② 压缩内容篇幅，删减了对于初学者而言学习难度过高的知识点和章节内容，尤其是 Spark 编程、MLib 机器学习、NoSQL 编程及上述技术的综合应用。

③ 补充教学资源，包括习题、学习指南、疑难问题解答等内容，使本书更适合作为本科低年级的教科书。

④ 专业解读 Python 数据分析师应掌握的编程要点、分析方法和实践技能，提高了实用性，以提升学习成效。

本书顶层设计由朝乐门负责完成，各章内容基于朝乐门所著《Python 编程：从数据分析到数据科学》，负责完成各章节转写工作的有朝乐门（第 1 章）、孙智中（第 2 章）、肖纪文（第 3 章）、张晨（第 4 章）、赵霞（第 5 章）、王解冻（第 6 章），最终由朝乐门负责校对和统稿。

朝乐门

于中国人民大学

2021 年 5 月

目 录

第 6 章　自然语言处理与图像处理

第1章 Python 语言与数据分析

学习指南

目前，Python 语言已成为数据分析和数据科学领域最受欢迎的程序语言之一，学好并用好 Python 语言也被各用人单位普遍认为是现代数据分析师的基本能力和必备技能。

本章主要讲解 Python 语言及其特征、数据分析与 Python 语言的内在联系、面向数据分析的 Python 编程、Python 数据分析的集成开发环境、Python 代码的编写和运行实例。本章将为学习后续章节奠定基础。

本章的学习建议如下：

①学习重点：Python 语言的特点；Python 语言在数据分析中的重要地位；Python 代码的编写质量及其提升方法；数据分析中常用的 Python 第三方工具包；Jupyter Notebook 的使用方法；初学者在学习或编写面向数据分析的 Python 程序代码时的常见误区。

②学习难点：结合后续章节的学习，深入体会面向数据分析的 Python 编程与面向其他领域的 Python 编程的差异；结合后续章节的学习，熟练掌握《PEP8-Python 代码编写指南（PEP8-Style Guide for Python Code）》或《谷歌 Python 代码编写指南（Google Python Style Guide）》的内容，养成良好的 Python 程序代码编写习惯，提升自己的代码质量。

Q&A

（1）为什么在数据分析中采用 Python 语言，而不是 C、C++、Java 等语言？

【答】目前，Python 已成为数据分析领域最受欢迎的语言之一。数据分析中采用 Python 语言，而不是 C、C++、Java 等语言的原因有三个，详见"1.2.1 Python 语言在数据分析领域的重要地位"。

（2）Python 语言有哪些优缺点？

【答】Python 语言的设计哲学为"优雅（elegant）、清晰（clear）、

这些优缺点是相对于 Java、C 和 C++ 语言等而言的。

简明（simple）"。Python 语言的主要优点有：简单易学、编写代码效率高、程序代码的可读性强、第三方包具有强大的数据分析功能等；Python 语言的主要缺点有：运行速度较慢、移动终端类应用中尚未普及、数据库访问接口的功能与性能有待优化、Python 代码容易引发运行时错误等，详见"1.1.1 Python 语言的特点"。

（3）如何写出高质量的 Python 语言代码？

【答】不仅要学好 Python 基础语法，还应遵循《PEP8-Python 代码编写指南（PEP8-Style Guide for Python Code）》或《谷歌 Python 代码编写指南（Google Python Style Guide）》等代码规范，详见"1.2.3 Python 语言程序代码的编写质量"。养成良好的 Python 语言程序代码编写习惯是确保程序质量的前提。

本书编写目的和定位是解读面向数据分析 Python 编程的知识与技能。

（4）面向数据分析的 Python 编程与面向其他领域的 Python 编程有区别吗？

【答】有，而且区别很明显。这也是 Python 初学者应特别注意的问题，详见"1.3.3 Python 学习或编程中常见误区"。

（5）面向数据分析的 Python 编程有哪些编辑器？

【答】比较常用的有 Jupyter Notebook、Jupyter Lab、Spyder、IPython 等。

例如，MyEclipse/ Eclipse 的 PyDev 插件、Visual Studio 的 Python extension for Visual Studio Code 插件。

另外，Visual Studio 和 MyEclipse/Eclipse 中安装对应插件后也可以编写 Python 代码。Anaconda 是目前数据分析领域最流行的平台，本书推荐使用 Anaconda 平台中的 Jupyter Notebook。

1.1 Python 语言及其特征

Python 官网有很多优质的学习资源、最新动态、兴趣组与社区和应用案例，建议读者经常访问和利用。

Python 是一种通用的、解释型的、动态数据类型的高级程序语言。最早的 Python 语言版本由 Python 之父——吉多·范·罗瑟（Guido van Rossum）于 1991 年发布，Python 的官网为 https://www.python.org/。

1.1.1 Python 语言的特点

更多内容可以参见 Python 的 Zen（禅），即 PEP 20——The Zen of Python。查看 Python Zen 的方法为：在 Jupyter Notebook 中输入 Python 代码：import this

Python 的设计哲学为优雅（elegent）、清晰（clear）、简明（simple）。相对于其他程序语言，Python 语言的特点（如图 1-1 所示）如下：

Python 语言的优点：简单易学；程序代码的编写效率高；程序代码的可读性强；可扩展性强；属于解释型语言，易于调试，适用于数据分析类任务；支持动态数据类型；开源且免费；包括数据分析、机器学习和统计学等多个领域的大量功能强大的第三方包。

Python 语言的缺点：属于解释型语言，程序代码的运行速度相对较慢；到目前为止，Python 在移动终端类应用中尚未普及；与 JDBC 和 ODBC 相比，Python 的数据库访问接口的功能和性能有待优化；Python 的部分特征（如动态数据类型、鸭子类编程等）虽然提高了程序员编写代码的效率，但是在计算机上执行时容易引发运行时错误。

读者可以访问 Python 包索引（Python Package Index，PyPI）的官网（https://pypi.org/）查看和了解 Python 第三方扩展包的清单。

从人（数据分析师和程序员）的角度看，Python 的优点很多；从计算机的角度看，Python 的缺点不少。

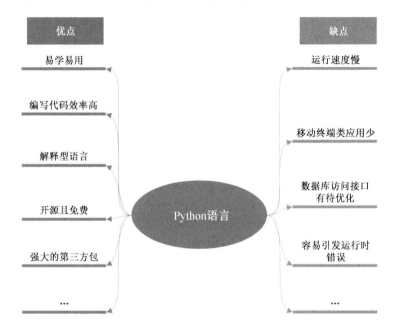

图 1-1　Python 语言的优缺点

1.1.2　Python 语言的版本

目前，Python 语言的主要版本有两种：Python 3.x 和 Python 2.x，二者之间的差异较大。本书按 Python 3.x 编写，建议读者学会编写 Python 3.x 的代码，而 Python 2.x 的代码能看懂即可，二者关系如图 1-2 所示。Python 2.0 和 3.0 分别于 2000 年和 2008 年发布，2008—2012 年为 Python 3.x 和 Python 2.x 的并存期，2012—2020 年为 Python 2.x 的退出期，Python 2.x 于 2020 年淘汰不再使用。

Python 3.x 并不向下兼容 Python 2.x。

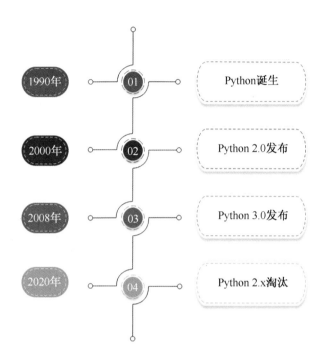

图 1-2　Python 版本演化图

　　Python 2.0 发布于 2000 年，相对于 Python 1.0 增加了一些新特征，如循环检测垃圾回收机制和对 Unicode 的支持。

　　Python 3.0 发布于 2008 年，对 Python 2.x 的语法和性能均进行了优化。在语法上，Python 3.x 与 Python 2.x 的差异较大，Python 3.x 并不向下兼容 Python 2.x（backward-compatible），但可以用 2to3（Automated Python 2 to 3 code translation）等工具将 Python 2.x 的代码自动转换成 Python 3.x 的代码。

参见 https://docs.python.org/2/library/2to3.html。

本书编写目的和定位是解读面向数据分析 Python 3.x 编程的知识与技能。

1.2　数据分析与 Python 语言

　　目前，Python 和 R 语言是数据分析中应用的主流语言工具，它们的主要区别和联系如表 1-1 所示。

表 1-1　Python 与 R 语言的主要区别和联系

	Python	R
设计者	计算机科学家吉多·范·罗瑟（Guido van Rossum）	统计学家罗斯·艾卡（Ross Ihaka）和 罗伯特·金特尔曼（Robert Gentleman）
设计目的	提高软件开发的效率和源代码的可读性	方便统计处理、数据分析和图形化显示
设计哲学	（源代码层次上）优雅、清晰、简明	（功能层次上）简单、有效、完善
发行年	1991 年	1995 年
前身	ABC 语言、C 语言和 Modula-3	S 语言
主要维护者	Python Software Foundation（Python 软件基金会）	The R-Core Team（R 核 心团队）、The R Foundation（R 基金会）
主要用户群	软件工程师、程序员、数据分析师	学术、科学研究、统计专家
可用性	源代码的语法更规范，便于编码和调试	可以用简单几行代码实现复杂的数据统计、机器学习和数据可视化功能
学习成本曲线	入门相对容易，入门后学习难度随着学习内容逐步提高	入门难，入门后相对容易
第三方提供的功能	以"包"的形式存在，可从 PyPI 下载	以"库"的形式存在，可从 CRAN 下载
常用包 / 库	数据处理：Pandas 科学计算：Scipy、numpy 可视化：Matplotlib 统计建模：statsmodels 机器学习：sckikit-learn、TensorFlow、Theano 和 PyTorch	数据科学工具集：tidyverse 数 据 处 理：dplyr、plyr、data.table、stringr 可 视 化：ggplot2、ggvis、lattice 机器学习：RWeka、caret
常用 IDE（集成开发环境）	Jupyter Notebook（iPython Notebook）、Spyder、Rodeo、Eclipse、PyCharm	RStudio、RGui
R 与 Python 之间的相互调用	在 Python 中，可以通过库 RPy2 调用 R 代码	在 R 中，可以通过包 rPython 调用 Python 代码

1.2.1 Python 语言在数据分析领域的重要地位

在数据分析尤其是数据科学中一般采用 Python 或 R 语言，而不用 Java、C、C++、C#、VB 等语言的原因如图 1-3 所示。

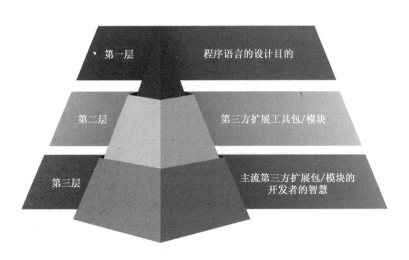

图 1-3　数据分析中采用 Python 或 R 语言的原因分析

第一层原因：程序语言的设计目的。Java、C 等语言是为软件开发而设计的，不适合完成数据分析任务。如果数据分析师使用 Java、C 语言等完成数据分析任务，主要精力将消耗在流程控制、数据结构的定义和算法设计上，而难以集中精力去处理数据问题。例如，数据集的读写和排序是数据分析中经常处理的工作，如果用 Java 编写，那么需要多层 for 语句的代码，非常烦琐。但是，在 Python 或 R 中，这些问题变得很简单——它们支持向量化计算，可以直接读写数据集（不需要 for 语句）。Python 或 R 采用泛型函数式编程，可以直接调用函数 sort() 来实现数据集的排序工作，不需额外编写排序算法和代码。

第二层原因：第三方扩展工具包 / 模块，更为重要。用户可以通过 Python 或 R 调用面向数据分析任务的专业级服务——Python 或 R 的第三方扩展包 / 模块。以 CRAN 为例，该平台上可用的 R 包至少有 10381 个。例如，使用 Java、C 语言等实现数据的可视化非常复杂，但是使用 Python 第三方扩展包 Seaborn 或 R 第三方扩展包 ggplot2 却可以轻松实现。因此，Python 或 R 语言并不是比 Java、C 语言等更强，而是可以调用众多专门用于数据分析任务的第三方扩展包或模块。

第三层原因：主流第三方扩展包 / 模块的开发者的智慧，Python 或

R 的主流第三方扩展包、模块的开发者都是统计学、机器学习等数据分析领域的顶级人才。例如，Python 第三方扩展包 pandas 包的开发者韦斯·麦金尼（Wes McKinney）和 R 第三方扩展包 ggplot2 的开发者哈德利·威克姆（Hadley Wickham）均为数据分析领域的领军人物。因此，我们使用 Python 或 R 语言的最终目的是利用他们的思想指导自己，借助他们的力量解决数据分析问题。

1.2.2 Python 语言程序代码的编写质量

Python 初学者需要注意的是，编写 Python 代码的目的并不仅仅是能够 run（运行），更重要的是写出高质量的 Python 代码，除了学习领会 Python 之禅（The Zen of Python），还应参考以下两个较为广泛采用的指导性文档。

通常，高质量的 Python 代码被称为 Pythonic Code。

《PEP8-Python 代码编写指南（PEP8-Style Guide for Python Code）》：基于 Python 创始人 Guido 提出的 Python 代码编写规范（Guido's Python Style Guide）发展和演化的关于如何编写高质量 Python 代码的指南与规范。

更多内容参见 https://legacy. python.org/ dev/peps/pep- 0008/。

《谷歌 Python 代码编写指南（Google Python Style Guide）》：Google 公司的 Python 程序代码编写规范，在 PEP8-Style Guide for Python Code 的基础上，结合 Google 公司自己的业务特点进行了微调和补充。

更多内容参见 https://github. com/google/ styleguide/ blob/gh-pages/ pyguide.md。

1.3 面向数据分析的 Python 编程

从数据分析角度看，初学者需要掌握 Python 语言基础语法和数据分析中常用的 Python 第三方工具包。

1.3.1 Python 语言的基础语法

学习 Python 语言的基础语法是基于 Python 进行数据分析的前提。数据分析师必备的 Python 语言的基础语法包括：

- 变量及其定义方法。
- 运算符、表达式、语句。
- 数据类型与数据结构。
- 包与模块。
- 内置函数、模块函数和自定义函数。

本书第 2 章和第 3 章将分别讲解这些必备语法知识。

- 迭代器与可迭代对象。
- 生成器与装饰器。
- 查看帮助信息的方法。
- 异常处理、断言与程序调试。
- 搜索路径、当前工作目录与文件读写。
- 面向对象编程。

1.3.2 Python 的第三方工具包

在数据分析领域的实际项目中，我们通常直接使用已开发好的 Python 第三方工具包，而不是用 Python 基础语法自行重新开发核心数据分析任务，主要原因在于：Python 第三方工具包不仅替我们实现了数据分析任务中的核心任务，降低了数据分析的开发成本，还对 Python 基础语法进行了优化，提高了运行性能。

数据分析中常用的 Python 第三方工具包如下。

① 基础类：pandas，numpy，scipy 等。

② 数据可视化类：matplotlib，seaborn，bokeh，basemap，plotly，networkx 等。

③ 机器学习类：scikit-learn，pytorch，tensorflow，theano，keras 等。

④ 统计建模类：statsmodels 等。

⑤ 自然语言处理、数据挖掘及其他：nltk，gensim，scrapy，pattern，open-cv 等。

1.3.3 Python 学习或编程中常见误区

Python 语言是一种通用语言，可以用于数据分析、网络编程、桌面应用等应用领域，但是 Python 语言在不同应用领域的差异较大。目前，数据分析和数据科学专业领域的初学者学习 Python 语言时普遍存在以下误区：

① 将 Python 当作 Java/C 来学（或教），换一个"新语言"讨论"老问题"，导致无法体会 Python 语言的独特之处和优点，且 Python 语言的设计哲学也无法在其编写代码过程中得到体现。

② 数据科学、大数据等专业采用的 Python 教材与计算机类专业的 Python 教材没有区别，Python 语言的学习与数据分析脱节，教材的针对性和实用性不强。

不要重复造轮子。

见本书第 4~6 章。

避免以下误区是本书的主要特色。

Python 的设计哲学为优雅（elegent）、清晰（clear）、简明（simple）。

③ 仅关注 Python 语言的语法正确性，而忽略代码质量及 Python 语言背后的思想和逻辑。Python 语言的设计思想是优雅、清晰、简明，Python 程序员不仅要写出能够运行（Run）的代码，还要写出高质量的 Python 代码。其中，高质量 Python 代码的编写需要遵循《PEP8-Python 代码编写指南（PEP8-Style Guide for Python Code）》或《谷歌 Python 代码编写指南（Google Python Style Guide）》等代码规范。

④ 多数初学者已有 C/Java 等语言的基础，Python 语言属于"第二外语"，不能按第一外语的套路学习 Python 语言，应避免学习的低级重复性。

⑤ 很多初学者的 Python 的学（或教）中普遍采用"先学（或教）知识点，后练习代码"式老套路，导致主次颠倒，学生动手能力差。

Python 语言的初学者应尽可能避免进入上述误区，这也是本书的编写主要目的之一。

1.4 Python 数据分析的集成开发环境

可用于 Python 数据分析的集成开发环境有很多种，比较常用的是 Jupyter Notebook、Jupyter Lab、PyCharm、Spyder、IPython 等。另外，Visual Studio 和 MyEclipse/Eclipse 中增加对应插件后，也可以编写 Python 代码。

Anaconda 是目前数据分析领域最流行的平台之一，是包括 Python 编辑器、解释器、常用第三方工具包、PIP/Conda 包管理器的集成开发环境，本书推荐使用 Anaconda 平台，如图 1-4 所示。

① Jupyter Notebook、Jupyter Lab 和 Spyder：用于编写 Python 程序代码，是 Python 编辑器。

② Anaconda Prompt：用于编写 PIP 和 Conda 命令。

③ Anaconda Navigator：用于显示 Anaconda 平台的门户页面。

本书推荐初学者使用 Jupyter Notebook 或 Jupyter Lab 作为 Python 数据分析的编辑器，Jupyter Lab 为 Jupyter Notebook 的升级版本。二者用户界面的风格相似，主要分为输入和输出两部分。其中，输入部分以 Cell（代码单元格）为单位编写、解释和运行，每个 Cell 在执行后均有 In[] 编号。通常，每个输入单元有对应输出单元或错误与异常信息显示部分，如图 1-5 所示。

建议初学者使用 Jupyter Notebook 或 Jupyter Lab。

In[] 编号指示当前 Cell 在 Jupyter Notebook 的当前会话第几个被执行，同一个 Cell 的 In[] 编号并非为固定的，而是随着其被执行次数不断变化。

有些输入类 Cell 并没有输出 Out 类信息，详见本书 Print 语句的解读。

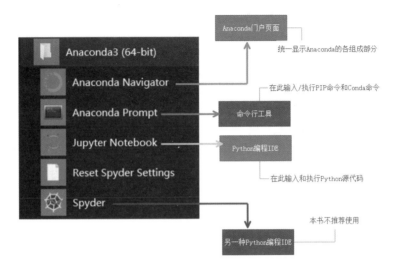

图 1-4　Anaconda 的主要组成部分

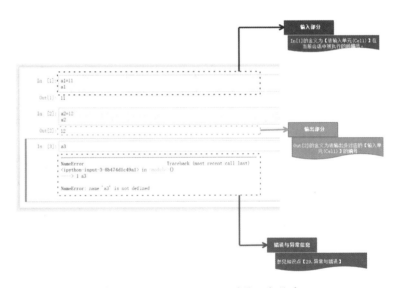

图 1-5　Jupyter Notebook 的输入与输出

1.5　Python 代码的编写与运行实例

（1）查看 Python 之禅（Zen）

在 Jupyter Notebook 中输入以下 Python 语言代码：

```
import this
```

运行过程及其结果如图 1-6 所示。

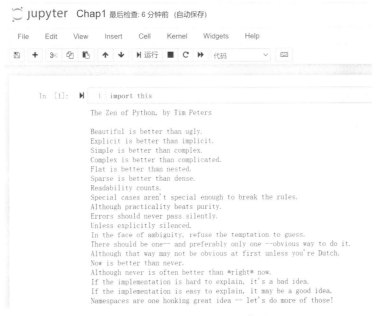

图 1-6　Jupyter Notebook 代码

（2）用 Python 写 Hello World 程序

在 Jupyter Notebook 中，新建一个 Cell（代码单元格），并按图 1-6 的方法，输入以下 Python 语言代码：

```
print("Hello World")
```

输出结果为：

```
Hello World
```

Python 初学者在使用 Jupyter Notebook 时经常遇到或容易忽略的问题如图 1-7 所示。Jupyter Notebook 以 B/S 模式执行，而其中编写的 Python 代码以 Cell（代码单元格）为单位进行组织和执行；每个 Cell 的执行顺序由程序员执行时随意指定，而并非由 Cell 的显示前后顺序或代码之间的逻辑关系决定。同时，每个 Cell 的显示模式有多种，如 Code、MarkDown 等，只有在 Code 模式下才能执行 Python 代码。另外，Jupyter Notebook 中的每个 Cell 可以被多次执行，导致变量的当前值可

编写 Python 语言代码的三个要点：
一是英文字母的大小写要区分；
二是所有的标点符号为英文标点符号；
三是对齐方式要特别注意，见本书第 2 章。

Jupyter Notebook 中运行一个 Cell 的快捷键为 Ctrl+Enter。更多快捷键及设置、修改、使用方法，见 Jupyter Notebook 的菜单栏，如 Edit → Edit Keyboard Shortcuts。

与 C 和 Java 语言不同，Python 中没有 main() 函数，Python 程序的执行并非从 main() 函数开始，自动执行所有代码。

能随之变化。

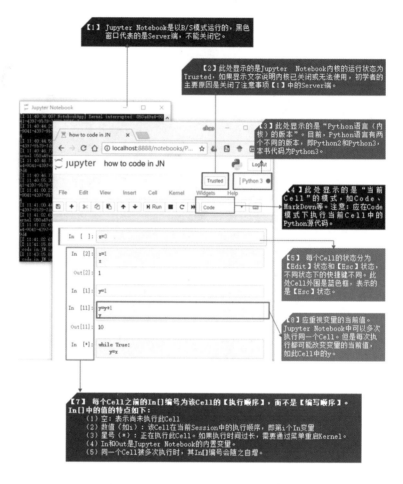

图 1-7　Jupyter Notebook 的注意事项

小　结

本章主要讲解了 Python 语言的特点、数据分析与 Python 语言的内在联系面向 Python 语言编程的要点。其中，如何编写高质量 Python 代码是继续学习本章知识的突破口或关键所在，初学者学习完第 1 ～ 2 章后，需要自学《PEP8-Python 代码编写指南（PEP8-Style Guide for Python Code）》或《谷歌 Python 代码编写指南（Google Python Style Guide）》等代码规范。在此基础上，初学者还应尽可能避免"1.3.3

Python 学习或编程中常见误区"。如果读者之前没有接触过 Python 语言或没有其他程序语言的基础，建议学习完本书第 2 ～ 3 章的内容后，再次复习本章知识，会有更多的收获。

习 题 1

1. 关于 Python 语言的特点，以下选项中描述错误的是（　　）。
A. Python 语言是动态类型语言
B. Python 语言是通用语言
C. Python 语言是编译型语言
D. Python 语言是解释型语言

2. 下列选项中不属于 Python 语言特点的是（　　）。
A. 开源并免费
B. 运行效率高
C. 可扩展性强
D. 易于调试

3. Jupyter Notebook 中用（　　）快捷键表示运行当前 Cell 中的 Python 代码。
A. Ctrl+ \
B. Ctrl+ Enter
C. Shift+F10
D. Ctrl+Shift+F10

4. Python 数据分析中，常用于下载和安装第三方包的工具为（　　）。
A. pyinstall
B. pip
C. pop
D. conda

5. Python 数据分析中，常用于数据可视化的第三方包有（　　）。
A. matplotlib
B. numpy

C. seaborn

D. tensorflow

6. 常用的 Python 代码编写规范的 PEP 编号为（   ）。

A. PEP6

B. PEP8

C. PEP10

D. PEP16

7. Python 语言的主要缺点体现为（   ）。

A. 运行速度慢

B. 可读性差

C. 学习难度大

D. 编写代码的效率低

8. 目前，Python 语言的主流版本为（   ）。

A. Python 1.x

B. Python 2.x

C. Python 3.x

D. Python 4.x

第 2 章　Python 语言基础语法

学习指南

【在数据科学中的重要地位】Python 语言凭借其优势特征，已经成为数据分析和数据科学的主要工具。因此，Python 语言的基础语法作为熟练使用 Python 工具的前提，在数据分析与数据科学的学习中具有重要地位。

【主要内容与章节联系】本章主要从五方面对 Python 语言基础语法进行讲解：变量及其定义方法，运算符、表达式、语句，数据类型与数据结构，包与模块，内置函数、模块函数和自定义函数。本章作为 Python 语言的入门是后续学习的基础。

【学习目的与收获】通过本章学习，读者可以掌握数据分析和数据科学中常用的 Python 基础语法知识，为进一步学习 Python 高级语法及 Python 第三方扩展工具包奠定基础。

【学习建议】

（1）学习重点

- Python 中变量的定义方法。
- Python 是动态类型、强类型语言。
- Python 中变量名的引用。
- Python 中变量的命名规范。
- iPython 中的特殊变量及其调用方法。
- 查看 Python 关键字的方法。
- 搜索路径的查看与设置方法。
- 运算符及其应用。
- 语句书写规范、赋值语句和注释语句。
- if、for、while 和 pass 语句。
- 列表、元组、字符串、序列、集合和字典的区别。
- 包和模块的下载、安装、导入和调用方法。
- 内置函数、模块函数和自定义函数的定义与调用。
- lambda 函数的定义与调用。

编写代码效率高、易于阅读和调试、丰富的第三方工具包等，详见本书"1.1.1 Python 语言的特点"。

（2）学习难点

● Python 语法的特点和编写规范。

● 列表、元组、字符串、序列、集合和字典的区别。

● 熟练调用内置函数、模块函数和自定义函数。

2.1 变量及其定义方法

Q&A

（1）Python 中是否需要"先定义变量"？

【答】是，Python 中的自定义变量（名）必须"先定义后使用，不定义不能用"。

（2）Python 中如何定义变量？

【答】Python 中用赋值语句的形式定义变量。与 C、Java 等不同的是，Python 定义变量时不需要显式地给出变量类型，Python 解释器根据所赋值的类型自动确定变量的类型，如：

```
x = 1
```

（3）Python 中变量定义的本质是什么？

【答】Python 变量是引用类变量。变量中存储的并不是"所赋的值"，而是其引用（地址 / 指针）。例如，x = 1 的含义如图 2-1 所示。

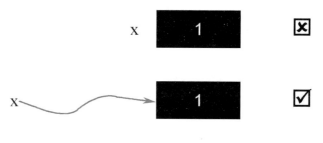

图 2-1　x = 1 的赋值

（4）定义变量后，还会遇到什么问题？

【答】Python 是强类型语言，除了赋值运算符，Python 表达式不会自动进行类型转换。例如，代码 1+"123" 在 C、Java 中不报错，但在 Python 中会报错。

Python 中，用户自定义变量必须先定义，但其定义方式与 C/Java 不同，是通过赋值语句实现的。

变量定义时，用户不用显式给出数据类型，Python 解释器根据所赋值内容自动识别数据类型。我们可以用内置函数 type() 查看变量 x 的数据类型，代码为 type(x)。

可用内置函数 id() 查看变量的引用或引用的映射值（如引用的 hash 值）。

报错提示信息为：TypeError: unsupported operand type(s) for +: 'int' and 'str'。

（5）如何进行强制类型转换？

【答】用数据类型函数，如 int()、float()、complex()、list() 等可以对 Python 对象进行强制类型转换。如可以将 1+"123" 改写为：1+int("123")。

（6）如何查看已定义的变量？

【答】调用内置函数 dir() 可查看搜索路径中已定义的变量。"搜索路径"是一个重要的概念，当 Python 代码遇到用户自定义变量时，Python 解释器将到"搜索路径"上查找这个变量，若找不到，则报错。

（7）如何删除已定义变量？

【答】使用 del 语句可以实现删除已定义变量的目的，如：

```
del x
```

2.1.1　变量的定义方法

与 C、Java 等不同的是，Python 用"赋值语句"的方式定义一个变量，即"用户不需要显式声明变量的数据类型"。

In[1]	testBool =True testInt=20 testFloat=10.6 testStr="MyStr" testBool,testInt,testFloat,testStr
Out[1]	(True, 20, 10.6, 'MyStr')

在 In[1] 中，变量 testBool、testInt、testFloat、testStr 的数据类型依次为布尔型、整型、浮点数和字符型。

2.1.2　Python 是动态类型语言

Python 中变量不需要事先声明其所属类型，同一变量可以被赋值为不同的对象类型。以下代码在 C 或 Java 中报错，但在 Python 中不会。

In[2]	x=10 x="testMe"

Python 是动态类型语言，其含义与不可变对象是有区别的。"动态类型"是指"变量的类型可否动态变更"，在 Python 中变量定义后，还可以动态地定义为另一个（种）变量，如：输入以下命令，解释器不

通常，Python 的强制类型转换函数名与其目标类型的同名。

Jupyter Notebook 还可以使用魔术命令 %whos 或 %who 查看搜索路径下的变量名称。

Python 采取的主要垃圾回收机制为：引用计数＋标记清除＋分代回收。

Python 的语句
　i=20
相当于 Java 和 C 语言中的：
　int i;
　i=20;

myStr 与 "myStr" 有区别。在 Python 解释器看来，myStr 是一个变量名，必须先定义后使用，不定义不能用；而 "myStr" 是一个字符型常量，原因是此处有双引号，因此不需要事先定义。

可以用内置函数 type() 查看变量 i 的数据类型，如代码 type(testBool) 的输出结果为 bool。

在 Python 中，对变量每次赋值均可理解为新定义一个变量。

会报错。

| In[3] | x="testMe"
x= 1 |

"不可变对象"是指"变量内容是否被局部替换"。在 Python 中，变量（内容）分为两种：可变对象和不可变对象。如输入以下命令，解释器将报错。

In[4]	x="testMe" x[2]=1
	-- ------------------
	TypeError Traceback (most recent call last)
Out[4]	\<ipython-input-4-be288ba896e8\> in \<module\> 1 x="testMe" ----> 2 x[2]=1
	TypeError: 'str' object does not support item assignment

在以上代码中，"x[2]=1"的含义为试图修改 x 的第 3 个元素为 1，即试图要修改字符串"testMe"中的字符"s"为 1。但是，在 Python 中，字符串是不可变对象，不能对其进行局部修改。

2.1.3　Python 是强类型语言

Python 在运算过程中不会自动进行数据类型转换，除了 int、float、bool 和 complex 类型之间，具体如下所示。

In[5]	"3"+2
	-- ------------------
Out[5]	TypeError Traceback (most recent call last) \<ipython-input-5-e8240368dace\> in \<module\> ----> 1 "3"+2

| In[6] | 3+True |
| Out[6] | 4 |

| In[7] | 3+3.3 |
| Out[7] | 6.3 |

| In[8] | 3+(1+3j) |
| Out[8] | (4+3j) |

初学者容易混淆 Python 的动态类型语言特征与不可变对象的概念。

Python 中，下标是从 0 开始的。

但是，如果将 in[4] 中的原代码行 x[2]=1 改为 x=1，那么不会报错，原因在于 Python 是一种动态类型语言。初学者需要注意的是，x[2]=1 和 x=1 的性质不同，前者为局部替换，后者为全部替换。后者可理解为定义新变量。

· 18 ·

2.1.4 Python 中的变量是引用类变量

Python 中，变量是一种容器，用于存放"目标数据（变量值）"的引用（reference）。例如，以下代码的输出结果为 30.1，即变量 i 中存放的是目标数据，即变量值（30.1）的引用（指针）。

In[9]	i=20 i="myStr" i=30.1 i
Out[9]	30.1

注意，变量名代表的（或本质）是"值的一个引用"，而不是"变量的取值"。C/Java 与 Python 中的变量存在区别，以 i=30.1 为例，C/Java 变量中直接存放"值"，i 中存放的是 30.1；而 Python 变量中存放的是"引用"，i 中存放的是常量 30.1 的引用即内存地址。

2.1.5 Python 中区分大小写

Python 严格区分变量名的大小写字母，定义的变量名为"i"，而输出的变量名为"I"，将会报错：

In[10]	i=20 I
Out[10]	\- \- NameError Traceback (most recent call last) <ipython-input-10-447541a63ca9> in <module> 1 i=20 ----> 2 I NameError: name 'I' is not defined

2.1.6 变量命名规范

Python 变量命名的语法要求如下：
① 变量名只能包含字母、数字和下画线。
② 变量名可以以字母或下画线开头，但不能以数字开头。
③ 不能用 Python 关键字作为变量名。
遵循以上 3 条要求的正确变量命名：

类似 C++ 语言中的指针（pointer）。

不同的 Python 解释器（如 CPython、JPython、ironPython 等）中对引用（reference）的表示方法不同，如在 CPython 中通常采用内存地址。

编程语言中区分大小写字母的原因是采用的字符集对同一个字母的大、小写有不同的编码。Python 3.0 中采用的字符集为 UTF-8。

从数据分析师角度看，变量命名规范有两个层次：一是必须遵守的语法要求，如这里列出的三条；二是推荐使用的建议，如 PEP8 中的相关规定。

查看 Python 关键字的方法为：import keyword keyword.kwlist

```
In[11]          myvariable_2=0
```

在下列代码中，变量名以数字开头，不符合命名规范，所以当运行此代码时报 SyntaxError 类错误。

```
In[12]          2_myvariable=0
                 File "<ipython-input-12-6006d03e9e23>", line 1
                  2_myvariable=0
Out[12]                        ^
                SyntaxError: invalid token
```

另外，在 Python 中尽量不要用 Python 的保留字，因为当变量名与 Python 保留字同名时，虽然系统不会报错，但会引起混乱。例如，print 不是 Python 关键字，却是 Python 的保留字，当用 print 作为用户自定义变量名时，会引起其含义发生改变，即 print 函数的原有功能失效。

解决方法：重新启动 Jupyter Notebook 的 Kernel，具体操作方法为：在 Jupyter Notebook 的菜单栏选择"Kernel → Restart"。

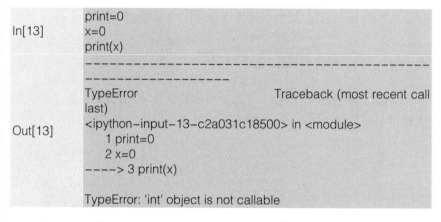

```
In[13]          print=0
                x=0
                print(x)
                ------------------------------------------------
                ------------------------
                TypeError                    Traceback (most recent call last)
                <ipython-input-13-c2a031c18500> in <module>
Out[13]             1 print=0
                    2 x=0
                ----> 3 print(x)

                TypeError: 'int' object is not callable
```

考虑到数据分析/数据科学项目的特殊性，本书的命名方法对 Guido 推荐命名规范进行了微调。

除了上述命名规范，Python 之父 Guido 曾提出命名方法的若干建议：

① 模块名和包名采用小写字母且以下画线分隔单词的形式，如 regex_syntax，py_compile，_winreg。

② 类名或异常名采用每个单词首字母大写的方式，如 BaseServer，ForkingMixIn，KeyboardInterrupt。

③ 全局或者类常量，全部使用大写字母，并以下画线分隔单词，如 MAX_LOAD。

④ 其余对象的命名，包括方法名、函数名，普通变量名，则采用全部小写字母，并且以下画线分隔单词的形式命名，如 my_thread。

⑤ 若以上对象为私有类型，则使用双下画线开头命名，如 _ _init_ _，_ _new_ _。

2.1.7　iPython 的特殊变量

iPython 提供了丰富的交互式计算架构，包括：功能强大的交互式外壳；Jupyter 的内核；支持交互式数据可视化和 GUI 工具箱的使用；灵活，可嵌入的解释器；易于使用且高性能的并行计算工具。

In[14]	x=12+13 x
Out[14]	25

上面命令行最左侧的 In[] 和 Out[] 并非为 Python 的变量，而是 iPython 为方便编辑代码和跟踪执行过程而给出的特殊变量。

以特殊变量 In[14] 为输入，iPython 返回在 In[14] 中输入的内容，如下所示：

In[15]	In[14]
Out[15]	'x=12+13\nx'

以特殊变量 Out[14] 为输入，iPython 返回 Out[14] 中输出的内容，如下所示：

In[16]	Out[14]
Out[16]	25

以临时变量 _（单下画线）为输入，iPython 返回最近一个 Out[] 变量，如下所示：

In[17]	_
Out[17]	25

2.1.8　查看 Python 关键字的方法

用模块 keyword 中提供的属性 kwlist 可以查看 Python 的关键字。

In[18]	import keyword keyword.kwlist
Out[18]	['False', 'None', 'True', 'and', 'as', 'assert', 'async',

iPython 的官网为 https://ipython.org/。

iPython 是一个 Python 的交互式 shell。Jupyter Notebook 是基于 iPython 发展起来的，所以保留了其很多特征，如 In[ ] 和 Out[ ] 编号等。

在 Juyper Notebook 中，同行显示列表元素的方法为调用 print 函数，如 print (keyword.kwlist)

```
'await',
'break',
'class',
'continue',
'def',
'del',
'elif',
'else',
'except',
'finally',
'for',
'from',
'global',
'if',
'import',
'in',
'is',
'lambda',
'nonlocal',
'not',
'or',
'pass',
'raise',
'return',
'try',
'while',
'with',
'yield']
```

2.1.9 查看已定义的所有变量

查看已定义的所有变量可以借助 Python 内置函数 dir() 来实现。dir() 可以显示搜索路径，即已确定的所有变量清单。例如：

In[19]	`dir()`

Out[19]	`['In',`
	`'Out',`
	`'_',`
	`'_1',`
	`......`
	`v`
	`'testStr',`
	`'x']`

其输出结果由 Jupyter Notebook 当前会话中用户曾定义的变量和 Jupyter Notebook 自带的变量决定，因此该函数的显示结果可能略有不同。建议读者用魔术命令 %whos 查看自定义变量及其当前值。

2.1.10 删除变量

为了讲解删除变量的方法和效果，先定义一个变量 i：

| In[20] | i=20
print(i) |
| Out[20] | 20 |

删除刚定义的变量 i。删除变量可以采用 del 语句或 del() 函数来实现。以删除变量 i 为例，代码如下：

| In[21] | del i |

再显示变量 i 时，Python 解释器将报告错误。报错信息如下：

In[22]	print(i)
	--
	NameError Traceback (most recent call last)
Out[22]	<ipython-input-3-397d543883c5> in <module>
	----> 1 i
	NameError: name 'i' is not defined

报错原因在于，In[22] 中运行语句 print(i) 时，变量 i 已经被删除，即从 Python 解释器的变量搜索路径中被移除了。

2.2 运算符、表达式、语句

2.2.1 运算符

Q&A

（1）Python 中常用运算符有哪些？

【答】比较常见的如下。

算术运算符：+、-、*、/、%、**、//。

关系运算符：==、!=、>、<、>=、<=。

赋值运算符：=、+=、-=、*=、/=、%=、**=、//=。

逻辑运算符：and、or、not。

位运算符：&、|、^、~、<<、>>。

集合运算符：in、not in、==、!=、<、<=、>、>=、&、|、-、^。

由于 In[13] 导致 print 函数的原有功能失效，运行此处代码前需要重新启动 Jupyter Notebook 的 Kernel。

Python 面向对象编程中，类的析构函数的名称为 __del__()，详见本书"3.6 面向对象编程"。

此行代码可以写成 del(i)。

算术运算符、关系运算符、赋值运算符、逻辑运算符、位运算符、集合运算符分别如表 2-1 至表 2-6 所示。

表 2-1　算术运算符（x=2,y=3）

运算符	含义	实例	结果
+	加	x + y	7
−	减	x−y	-3
*	乘	x * y	10
/	除	y / x	2.5
%	取模	y % x	1
//	整除	y//2	2
**	幂	x**y	32

表 2-2　关系运算符（x=2,y=5）

运算符	含义	实例	计算结果
==	等于	x == y	False
!= <>	不等于	x != y	True
>	大于	x > y	False
<	小于	x < y	True
>=	大于等于	x >= y	False
<=	小于等于	x <= y	True

表 2-3　赋值运算符

运算符	实例	等价
=	y=x	y=x
+=	y+=x	y=y+x
−=	y−=x	y=y-x
*=	y*=x	y=y*x
/=	y/=x	y=y/x
%=	y%=x	y=y%x
**=	y**=x	y=y**x
//=	y//=x	y=y//x

表 2-4　逻辑运算符（x=2,y=5）

运算符	含义	实例	结果
and	与	x and y	5
or	或	x or y	2
not	非	not（x and y）	False

表 2-5　位运算符（x=2, y=5；注：查看对应二进制的方法，用内置函数 bin()）

运算符	含义	实例	结果
&	按位与	x & y	0
|	按位或	x | y	7
^	按位异或	x ^ y	7
~	按位取反	~x	-3
<<	左移	x << y	64
>>	右移	x >> y	0

表 2-6　集合运算符

数学符号	Python 符号	说明
∈	in	是…的成员
∉	not in	不是…的成员
=	==	等于
≠	!=	不等于
⊂	<	是…的（严格）子集
⊆	<=	是…的子集（包括非严格子集）
⊃	>	是…的（严格）超集
⊇	>=	是…的超集（包括非严格超集）
∩	&	交集
∪	|	合集
- 或 \	-	差补或相对补集
Δ	^	对称差分

Python 运算符的优先级如图 2-2 所示。

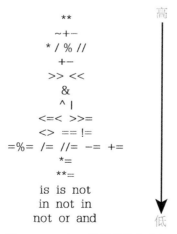

图 2-2　Python 运算符的优先级

（2）Python 中的特殊运算符有哪些？

【解答】

成员运算符——in，用于判断某个值是否在容器中。

身份运算符——is，用于判断两个对象是否为同一个对象。

与运算符相关的函数，如内置函数和 math 包。

（3）在运算符的使用中应该注意什么？

【解答】优先级和结合方向。优先级是指不同运算符的计算先后顺序，结合方向是指相同优先级运算符的计算方向。

1. 特殊运算符

在 Python 数据分析中，初学者容易混淆的运算符如下。

（1）除法运算

In[1]	x=2 y=5 y / x
Out[1]	2.5

（2）取余运算

In[2]	x=2 y=5 y % x
Out[2]	1

（3）整除运算

In[3]	x=2 y=5 y // x
Out[3]	2

其中，取余运算和整除运算的关系如图 2-3 所示。

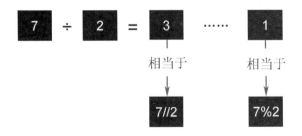

图 2-3　取余运算和整除运算的关系

（4）幂次运算

In[4]	x=2 y=5 x ** y
Out[4]	32

x ** y 的含义为"x 的 y 次方"。

（5）相等运算符

In[5]	x=2 y=5 x == y
Out[5]	False

在 Python 中，x == y 和 x=y 是不同的语句，前者中为关系运算符，后者中为赋值运算符。

（6）不等运算符

In[6]	x=2 y=5 x != y
Out[6]	True

在表示不相等的关系运算符（!=）中，叹号在等号的左侧。

（7）is 和 is not 运算符

In[7]	x=2 y=5 x is y
Out[7]	False

In[8]	x=2 y=5 x is not y
Out[8]	True

is 运算符的功能为：判断是否指向同一个引用，指向同一引用，则返回 True，否则返回 False。is not 与 is 相反，不指向同一引用，则返回 True，否则返回 False。

（8）in 和 not in 运算符

In[9]	x in [1,2,3,4]
Out[9]	True

初学者容易将运算符 in 与集合运算符 < 混淆，前者的功能是判断是否为一个成员，后者的功能是判断是否为子集。

In[10]	{1,2} in {1,22,3,33,2}
Out[10]	False

in 运算符的功能是：判断某个变量（如 x）是否在给定容器（如 [1,2,3,4]）中，若在则返回 True，否则返回 False。not in 与 in 相反，不在容器中，则返回 True，否则返回 False。

In[11]	x not in [1,2,3,4]
Out[11]	False

但是，{1,2} < {1,22, 3,33,2} 的结果为 True。

（9）复合赋值运算符

复合赋值运算符是一种缩写形式，如 y //= x 等价于 y = y // x。

In[12]	x=2 y=5 y //= x print(x,y)
Out[12]	2 2

需要注意复合赋值运算符的优先级。例如，在运行以下代码后，y 的结果为 0，而不是 10，原因在于"+"的优先级高于"//"，应先计算 x+8，再进行复合赋值运算符。

In[13]	x=2 y=5 y //= x+8 print(y)
Out[13]	0

在 Python 中，逻辑运算符为 and，or，not。不能与位运算符&、| 和~混淆。

注意，Python 中的 and 和 or 运算为短路运算。例如，1+5 and 2+2 and 5+5 的运行结果为 10；但是 1+5 and 2-2 and 5+5 的运行结果为 0。

（10）逻辑运算符

In[14]	x=True y=False x and y
Out[14]	False

In[15]	x=True y=False x or y
Out[15]	True

In[16]	x=True not x
Out[16]	False

（11）位运算符

bin()，其输出结果中，前缀 0b 在 Python 中表示二进制数。例如：

In[17]	x=2 y=3 print(x,y) print(bin(x),bin(y))
Out[17]	2 3 0b10 0b11

& 是一种位运算符，含义为"按位与"计算，两个对应位都为 1，则该位的结果为 1，否则为 0。例如：

In[18]	x=2 y=3 x&y
Out[18]	2

In[19]	x=2 y=3 bin(x&y)
Out[19]	'0b10'

| 的含义为"按位或"计算，对应的两个二进制位有一个为 1 时，结果位就为 1，否则为 0。例如：

In[20]	x=2 y=3 bin(x|y)
Out[20]	'0b11'

^ 的含义为"按位异或"计算，对应的两个二进制位相异时，结果为 1，否则为 0。例如：

In[21]	bin(x^y)
Out[21]	'0b1'

~ 的含义为"按位异"计算，对每个二进制位取反，即二进制位的 1 变为 0，0 变为 1。例如：

In[22]	bin(~x)
Out[22]	'-0b11'

<< 的含义为"左位移"，将 << 左侧的运算数的全部二进制位左移若干位，左移位数取决于 << 右侧的数字。例如：

In[23]	x=2 y=3 bin(x<<y)
Out[23]	'0b10000'

>> 的含义为"右位移"，将 >> 左侧的运算数的全部二进制位右移若干位，右移位数取决于 >> 右侧的数字。例如：

In[24]	x=2 y=3 bin(x>>y)
Out[24]	'0b0'

2. 优先级与结合方向

不同运算符的优先级不同，结合方向也可能不同。例如，在 Python 中，"2**2**3" 与 "(2**2)**3" 的运算结果不同。

In[25]	2**2**3
Out[25]	256

In[26]	(2**2)**3
Out[26]	64

请结合赋值运算符的优先级和结合方向，分析下面例子的输入和输出。

In[27]	x=2+3 x
Out[27]	5

In[28]	1+2 and 3+4
Out[28]	7

2.2.2 语句书写规范

Q&A

（1）Python 语句是否有专用的"结束符"，如 C、Java 中的"；"？

【答】无，Python 解释器不是根据"是否存在语句结束符"来表示语句的存在或结束，而是根据其语法完整性。

（2）Python 语句的编写规则是什么？

【答】通常是一行一句，也可以用"一行多句"和"一句多行"的形式，前者用语句分隔符"；"，后者用续行符"\"。

（3）可以"一行多句"形式写代码吗？

【答】可以。在不同语句之间用"；"分隔：

```
i=20; print("Hello World")
```

（4）可以"一句多行"形式写代码吗？

【答】可以，需用续行符（\）。

```
print("Hello\
 World")
```

（5）听说 Python 中的"缩进"很重要，是吗？

【答】是的。Python 用"缩进"表示其他语言中的"{}"，即复合语句或语句之间的嵌套关系。

（6）若 Python 中没有语句结束符，则如何表达"空语句"？

【答】可以使用 pass 语句：

```
if x>2:
    pass
```

（7）有关于 Python 代码编写的规范可供参考吗？

【答】关于 Python 代码的编写规范参见《PEP8-Style Guide for Python Code》和《Google Python Style Guide》。

1. 一行一句

与 C、Java 不同的是，Python 没有语句结束符，一般一行一句。

```
In[29]    i=20
          j=30
          k=40
```

2. 一行多句

不同语句之间用";"分隔：

```
In[30]    i=20;j=30;k=40
```

"i;j;k"的输出结果与"i,j,k"不同。原因在于";"与","在 Python 中存在区别：前者表示"一行多句"，后者表示"元组"。

```
In[31]    i;j;k
Out[31]   40
```

```
In[32]    i,j,k
Out[32]   (20, 30, 40)
```

初学者容易混淆";"和","。例如，print(i;j;k) 会报错 SyntaxError: invalid syntax，因为";"在 Python 中表示的是语句分隔符。

```
In[33]    print(i;j;k)
          File "<ipython-input-36-efd9c261ba8d>", line 1
            print(i;j;k)
                  ^
Out[33]
          SyntaxError: invalid syntax
```

缩进必须以":"开始。

Python 中的";"与 C/Java 中的不同，前者代表的是"语句分隔符"，后者代表的是"语句结束符"。

详见本书"2.3.3 元组"。

3. 一句多行

如要实现一句多行可使用续行符"\"。PEP8 建议，Python 代码中一行不应超过 79 个字符，否则应采用"续行符"写成多行。

字符"\"为 Python 的 续 行 符。

In[34]	print("nin \ hao")
Out[34]	nin hao

4. 复合语句

Python 中通过缩进方式（Indentation）表示 Java、C 中的"{ }"，且 PEP8 建议用 4 个空格（4 个半字空格）为一个缩进单位。

Python 的 缩进 需要注意两点：第 一， 缩进开 始之处必须加 "："；第 二， 代码的缩进与 对齐方式很重 要，同一个层 级的代码的缩 进方式应一致。

In[35]	sum=0
	for i in range(1,10):
	    sum=sum+i
	    print(i)
	print(sum)

Out[35]	1 2 3 4 5 6 7 8 9 45

"缩进"在 Python 中的重要性：相当于 C、Java 中的"{ }"，同一层级代码的"缩进单位"必须相同，否则会报 IndentationError 错误信息。以下为正确的缩进示例：

凡缩进开始之 处必须有"："。

In[36]	a = 10 if a > 5: print("a+1=",a+1) print("a=",a)
Out[36]	a+1= 11 a= 10

5. 空语句

通常，Python 是"可执行的伪代码"，空语句需要用 pass 语句来"占位"，否则报错。

In[37]	x=1
	y=2
	if x>y:
	    pass
	else:
	    print(y)

Out[37]	2

2.2.3 赋值语句

Q&A

（1）赋值语句在 Python 中的重要意义？

【答】除了"赋值功能"，Python 中的变量定义也是通过赋值语句实现的。

（2）如何写赋值语句？

【答】用赋值符号。例如，i=100，变量 i 中存放的是数值"100"的引用（指针，即内存地址的 Hash 值），而不是其本身。

（3）Python 中可以写"链式赋值语句"？

【答】可以。例如，i=j=2 相当于先执行 j=2，然后执行 i=j（请注意执行顺序）。

（4）Python 中可以写"复合赋值语句"吗？

【答】可以。例如，k+=20 相当于 k=k+20。

（5）Python 中的赋值语句还有什么特殊之处吗？

【答】Python 中的赋值语句至少有两个特殊的地方。一是支持序列的拆包式赋值，如 a,b,c=1,2,3，对号入座，a、b、c 的值分别为 1、2、3。二是两个变量值的调换，如 a=0, b=1，对调 a 与 b 的值在 C、Java 中需要引入第三个变量，如"c=a; a=b; b=c"，但是 Python 中可以写成"a,b=b, a"。

1. 赋值语句在 Python 中的重要地位

除了赋值功能，赋值语句还用于"定义一个新变量"。

In[38]	i=1 i
Out[38]	1

2. 链式赋值语句

赋值运算符的结合方向为"从右到左"。

用户变量的使用必须做到"先定义后使用，不定义不能用"。

与 C、Java 不同，Python 的变量是"引用类变量"。

原因见本书"2.3.5 序列"。

原因见本书"2.3.3 元组"。

In[39]	i=j=2 i j
Out[39]	2

链式赋值语句"i = j = 2"在功能上等价于如下代码：

In[40]	j=2 i=j i j
Out[40]	2

3. 复合赋值语句

Python 语言中的复合赋值语句的写法与 C、Java 类似。

In[41]	x=1 x*=20+5 x
Out[41]	25

其中，x*=20+5 的计算过程如图 2-4 所示。

图 2-4　x*=20+5 的计算过程

关于序列及其拆包式赋值的更多内容，参见本书"2.3.5 序列"。

见本书"2.3.3 元组"。

4. 序列的拆包式赋值

Python 拆包式赋值中的赋值规则为"对号入座"。其中，拆包式赋值的输出结果为元组，即带"()"。

In[42]	a,b,c=1,2,3 a,b,c
Out[42]	(1, 2, 3)

在拆包式赋值中通常采用两个特殊符号：_ 和 *_。前者代表的是一个临时变量，只能接收（跳过）一个值，后者代表的是可以跳过任意长度的值。例如：

In[43]	a,_,c=1,2,3 a,c
Out[43]	(1, 3)

In[44]	a,*_,f=1,2,3,4,5,6 a,f
Out[44]	(1, 6)

拆包式赋值语句的赋值基本原则是"对号入座"。

5. 两个变量值的调换

与 C、Java 不同的是，Python 语言中可以直接"对调"两个变量的值 a,b=b,a。原因如下：a,b 相当于 (a,b)，是个元组，但 (b,a) 是另一个元组，即 a,b=b,a 相当于 (a,b)=(b,a)，属于元组的拆包式赋值。

在 C、Java 语言中，两个变量 a 和 b 值的对调操作需要引入第三个变量 c。

详见本书"2.3.3 节"。

In[45]	a=1 b=2 a,b=b,a a,b
Out[45]	(2, 1)

2.2.4 注释语句

Q&A

（1）Python 中如何表示注释语句？

【答】Python 使用 "#" 注释语句，被注释的语句解释器会被忽略并不执行，如 "# i=20"。

（2）Python 中的注释语句与 C 和 Java 有什么不同？

【答】区别在于注释符号不同，Python 单行注释使用 "#"，多行注释使用 3 个单引号 ''' 或者 3 个双引号 """ 将注释括起来。

（3）在编写 Python 代码时，如何轻松地在"代码行"和"注释行"之间互相切换？

【答】在 Jupyter Notebook 中使用快捷键 Ctrl+/ 可实现上述功能。

（4）什么是 DocString？DocString 与注释语句的区别与联系是什么？

【答】见本书 3.3 节。

1. 注释方法

与 C 和 Java 语言不同的是，Python 中的注释符号为 "#"：

```
In[46]          # t=20
```

执行以下代码，解释器报错，原因在于该变量的定义部分（即 t=20）是注释行。

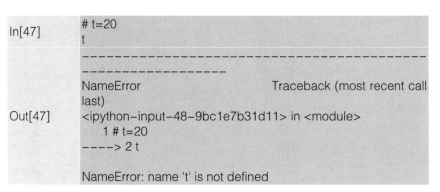

```
In[47]          # t=20
                t

                ---------------------------------------------------------------------

                NameError                    Traceback (most recent call last)
Out[47]         <ipython-input-48-9bc1e7b31d11> in <module>
                    1 # t=20
                ----> 2 t

                NameError: name 't' is not defined
```

2. 注意事项

Python 中可以使用注释符号"#"为多行代码注释：

```
In[48]          # t=20
                # t
```

在 Jupyter Notebook 中，可以用快捷键 Ctrl+/ 在"注释行"和"代码行"之间轻松切换。

2.2.5　if 语句

Q&A

（1）如何写 if 语句？

【答】两种写法。

第一种是"语句式"写法，即多行写法。

```
if(a<b):
    print(a)
elif(a==b):
    print(a)
else:
    print(b)
```

第二种是"表达式"写法，即单行写法。

```
Result="Y" if x>0 else "N"
```

在 Python 中使用 docString 也可实现代码注释的作用，见本书 3.3 节。

在 Python 中，所有标点符号必须为英文标点符号。此外，在 Jupyter Notebook 中，所有快捷键应在英文输入状态下使用。

（2）如何理解"单行表达式"if语句？

【答】在功能上，类似C、Java语言中的条件运算符，其本质是if部分的提前，如图2-5所示。

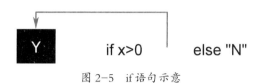

图 2-5　if 语句示意

（3）用 Python 写 if 语句应注意哪些问题？

【答】应注意以下几个问题：

● 不是"{}"，而是缩进和"："。

● 可含 elif 语句。

● if 部分、else 部分、elif 部分都不能为空，所以需要用 pass 语句代表空语句。

1. 基本语法

在 Python 中，用"缩进"来代替 C 和 Java 语言中的"{}"，即复合语句的功能，在写 if 语句时需注意，每次缩进的开始之处必须有"："，即缩进必须与"："一起用。if 语句的基本用法如下：

| In[49] | ```a=2
b=3
if(a<b):
    print("a 小于 b")
else:
    print("a 不小于 b")``` |
|---|---|
| Out[49] | a 小于 b |

与 C 和 Java 语言类似，Python 支持 if 语句的嵌套。

| In[50] | ```if(a<=b):
    if(a<b):
        print(a)
    else:
        print(a)
else:
    print(b)``` |
|---|---|
| Out[50] | 2 |

2. elif 语句

与 C 和 Java 语言不同的是，Python 中的 if 语句可以带有 elif 部分。

注意 elif 的拼写方法，不能写成 elseif。

另外, try- except、while、for 等语句中均可以出现 else 部分。

In[51]	```
	if(a<=b):
	    print(a)
	elif(a==b):
	    print(a)
	else:
	    print(b)
	``

Out[51]	2

3. if 与三元运算

if 可以写成单行表达式, 相当于 C 和 Java 中的三元条件运算符 "?:"。在三元运算中, "Y" 的位置提前至 if 语句之前。如下代码和图 2-6 所示。

In[52]	``` x=0 Result="Y" if x>0 else "N" Result ```
Out[52]	'N'

In[53]	``` x=1 Result="Y" if x>0 else "N" Result ```
Out[53]	'Y'

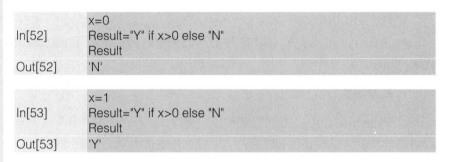

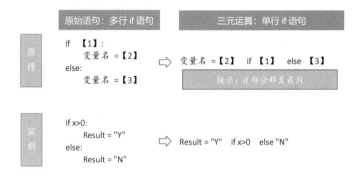

图 2-6　Python 的单行写法之 "if 语句"

此外, 在 Python 中, if 语句、for 语句和函数均可以写成单行, 分别称为三元运算符、列表推导式和 lambda 函数。

4. 注意事项

if 语句中的每部分均不能为空, 否则 Python 解释器将报错, 因为 "Python 是可执行的伪代码"。

参见本书 "2.2.8 pass 语句"。

In[54]	if(a<=b):
	else:
	    print(b)

Out[54]	File "<ipython-input-55-12262625dfcc>", line 2
	    else:
	    ^
	IndentationError: expected an indented block

pass 语句相当于其他语言中的空语句。用空语句 pass 可以纠正上面代码。

In[55]	if(a<=b):
	    pass
	else:
	    print(b)

软件开发项目与数据分析项目具有本质的区别。因此，在数据分析与数据科学项目中，不能将 Python 当作 C 或 Java 来用。以"判断是否闰年"为例，不要试图用 Python 来翻译 Java 或 C 的代码。如何用 Python 判断是否为闰年呢？建议如下。

In[56]	import calendar calendar.isleap(2019)
Out[56]	False

2.2.6 for 语句

Q&A

（1）如何写 for 语句？

【答】for 语句的结构如下所示：

```
for 循环变量 in 容器：
    循环体
```

for 语句的简单示例如下：

Python 的 for 语句的运行原理：按迭代方式，从 in 后的有序容器中读取循环变量的值。

```
for i in (1,2,3):
    sum = sum+i
    print(i,sum)
```

（2）请列举一个 for 语句的应用场景。

【答】for 语句的另一个主要应用场景为"列表推导式"。

参见本书"2.3.2 列表"。

（3）for i in [ ] 是什么意思？

参见本书"3.1 迭代器与可迭代对象"。

【答】应注意以下问题：i 在可迭代对象列表（[ ]）中，从第 0 个元素开始，逐个遍历。

（4）通常，在 for 语句中经常出现的 range() 函数是什么意思？

【答】range() 是生成一个迭代器的函数，可以写成 range(start, stop, step) 的形式，也可以写成 range(n)，如图 2-7 所示。

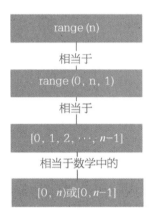

图 2-7　range(n) 的详解

（5）Python 的 for 语句应注意哪些问题？

【答】应注意以下问题：不是花括号，而是"缩进 +:"；可以另加 esle 语句。

1. 基本语法

与 C 和 Java 不同的是，Python 的 for 语句的写法只有一种：for…in…。

for 语句之前需要对 sum 赋值，否则报错未定义变量。

for 语句中别忘了":"，注意对齐方式，参见本书"2.2.2 语句书写规范"。

Python 的 for 语句的运行原理与 C 和 Java 的不同，是按迭代方式，从 in 之后的有序容器中读取循环变量的值。

In[57]	sum=0 for i in (1,2,3): 　　sum=sum+i 　　print(i,sum)
Out[57]	1 1 2 3 3 6

in 后面为"可迭代对象或迭代器"。在此，() 代表的是元组，元组是可迭代对象。

2. range( ) 函数

range() 函数经常出现在 for 语句中的 in 后，如 range(1,10)。range()

函数的返回值为 range 迭代器。

range(1,10) 函数的返回值中有 "1"，但无"10"，是一种"左包含、右不包含的结构"

In[58]	range(1,10)
Out[58]	range(1, 10)

为了显示迭代器的内容，可以用 list() 函数将 range() 函数返回的迭代器转换为列表。

In[59]	myList=list(range(1,10)) myList
Out[59]	[1, 2, 3, 4, 5, 6, 7, 8, 9]

Python 的迭代器具有惰性计算的特点。

3. 注意事项

与 C 和 Java 不同的是，Python 的 for 语句还可以带 else 部分。

| In[60] | ```
sum=0
for i in (1,2,3):
    sum=sum+i
    print(i,sum)
else:
    print("here is else")
``` |
| --- | --- |
| Out[60] | ```
1 1
2 3
3 6
here is else
``` |

| In[61] | ```
myList=list(range(1,10))
for j in [1,3,4,5]:
    print(myList[j])
``` |
| --- | --- |
| Out[61] | ```
2
4
5
6
``` |

与 C 和 Java 等类似，Python 的 for 语句支持 break 和 continue 语句。

| In[62] | ```
for k in range(0,16,2):
    if(k==8):
        break
    print(k)
``` |
| --- | --- |
| Out[62] | ```
0
2
4
6
``` |

| In[63] | ```
for k in range(0,16,2):
    if(k==8):
        continue
    print(k)
``` |
| Out[63] | ```
0
2
4
6
10
12
14
``` |

break 语句为 "跳出循环体"，continue 语句为 "跳在循环体之内"，如上面的示例执行 break 后跳出循环体，执行 continue 后，是直接跳到 "for k in range(0,16,2):" 处继续执行。

2.2.7 while 语句

Q&A

（1）如何写 while 语句？

【答】while 语句的结构如下所示：

```
While( 循环条件 ):
    循环体
```

while 语句的简单示例如下：

```
i=1
sum=0
while(i<=100):
    sum=sum+i
    i+=1
print(sum)
```

（2）Python 中有没有 do while 语句？

【答】没有，但可以用 while 和 break 语句实现类似功能。

（3）Python 中的循环语句中可以写 break 和 continue 吗？

【答】可以。

```
i=1
sum=0
while(i<=100):
    sum=sum+i
```

```
i+=1
if i==6:
    continue
if i==9:
    break
print(i,sum)
else:
    print("here is else")
```

（4）用 Python 写 while 语句应注意哪些问题？

【答】应注意以下问题：不是"{ }"，而是"缩进 +:"；可以另加 esle 语句。

1. 基本语法

在 Python 中，while 语句的写法单一，且没有 do-while 语句。

In[64]	`i=1`
	`sum=0`
	`while(i<=100):`
	`    sum=sum+i`
	`    i+=1`
	`print(sum)`

Out[64]	5050

2. 注意事项

break 语句为"跳出"循环体，continue 语句为"跳在"循环体，如下面箭头所示。

In[65]	`i=1`
	`sum=0`
	`while(i<=10):`
	`    sum=sum+i`
	`    i+=1`
	`    if i==6:`
	`        continue`
	`    if i==9:`
	`        break`
	`    print(i,sum)`
	`else:`
	`print("here is else")`

Out[65]	2 1 3 3 4 6 5 10 7 21 8 28

与 C 和 Java 语言不同，Python 的 while 语句中可以带有"else 部分"。

| In[66] | ```
i=1
sum=0
while(i<=10):
    sum=sum+i
    i+=1
    print(i,sum)
else:
    print("here is else")
``` |
|---|---|
| Out[66] | ```
2 1
3 3
4 6
5 10
6 15
7 21
8 28
9 36
10 45
11 55
here is else
``` |

2.2.8 pass 语句

Q&A

（1）什么是 pass 语句？

【答】代表的是空语句，相当于 C 和 Java 中的空语句（只有一个分号的语句）。

```
;
```

（2）pass 语句在 Python 中的重要地位？

【答】Python 中没有语句结束符，因此必须用 pass 语句表示空语句。

1. 含义

Python 中的空语句必须用 pass 语句表示，否则出错，原因是"Python 是可执行的伪代码"。Python 中的 pass 语句相当于 C 和 Java 的空语句";"。

```
        a=10
        b=11
        if(a<=b):

In[67]
        else:
          print(b)
        File "<ipython-input-68-92cea59c7c0c>", line 5
          else:
            ^
Out[67]
        IndentationError: expected an indented block
```

2. 作用

纠正上面 In[67] 错误的方法：用 pass 语句表示空语句。

```
        a=10
        b=11
        if(a<=b):
In[68]
            pass
        else:
            print(b)
```

C/Java 与 Python 中"空语句"的表示方法上存在区别：C/Java 中用分号表示空语句，Python 中用关键字"pass"表示空语句。

2.3　数据类型与数据结构

2.3.1　数据类型

Q&A

（1）Python 的数据类型有几种？

【答】Python 的数据类型大致可以分为两种：Python 自带的内置数据类型和第三方扩展包中的数据类型。

其中，Python 自带的内置数据类型可以分为：

- 可变数据类型：list（列表）、dic（字典）、set（集合）；
- 不可变数据类型：int、float、complex（复数）、bool（布尔）、tuple（元组）、str（字符串）、frozenset（不变集合）；

第三方扩展包中的数据类型有很多，较为常用的是 Pandas 中的 DataFrame 和 Series，NumPy 的 ndarray。通常，Pandas 和 NumPy 等主流的第三方工具包提供的数据类型对 Python 自带的数据类型进行了一

根据其元素是否有先后顺序，Python 的数据类型分为序列和非序列结构。常见的序列类数据类型有元组、列表和字符串。

定的优化，做到更高效，更方便使用。

（2）Python 中是否有布尔类型？

【答】Python 中有布尔类型，用 True 和 False 分别表示逻辑"真"和"假"。

（3）如何查看 Python 对象的数据类型？

【答】用内置函数 type()，如 type(x) 可以查看 x 的数据类型。

（4）如何改变 Python 对象所属的数据类型？

【答】可以使用强制类型转换改变 Python 对象的数据类型。如使用数据类型函数 int()、float()、complex()、list() 等转换 Python 对象的数据类型。

（5）如何指定或改变 Python 变量的数据类型？

【答】用赋值语句。

（6）Python 的数据类型中应该注意哪些问题？

【答】在 Python 的数据类型中应注意以下问题：

一是 Python 自带的数据类型中无直接提供"数组"的概念，而用"列表"和"元组"代替。Python 的列表和元组可以较好地解决一维数组问题，当表示多维数组时，需要进行列表（或元组）的嵌套，操作比较烦琐。所以，在 Python 数据分析中，表示多维数组时通常采用第三方包（如 NumPy），而不采用列表和元组等 Python 自带的数据类型。

二是从使用角度看，可以将列表、元组和字符串统称为"序列结构"，具有一些共同的操作，如"*"、切片等。

三是 Python 中有一些特殊的标量，如 None、NotImplemented 和 Ellipsis。

参见"2.1.1 变量的定义方法"。

1. 查看数据类型的方法

查看数据类型的方法是调用内置函数 type()。
整型（int）的查看方法：

In[1]	type(1)
Out[1]	int

浮点型（float）的查看方法：

In[2]	type(1.2)
Out[2]	float

在 Python 中，用 True 和 False 分别表示逻辑"真"和"假"。布尔型（bool）的查看方法：

在 Python 中，双引号或单引号是字符串存在的标志，参见本书"2.3.4 字符串"。

In[3]	type(True)
Out[3]	bool

字符串（str）类型的查看方法：

In[4]	type("DataScience")
Out[4]	str

列表（list）类型的查看方法：

In[5]	type([1,2,3,4,5,6,7,8,9])
Out[5]	list

元组（tuple）类型的查看方法：

In[6]	type((1,2,3,4,5,6,7,8,9))
Out[6]	tuple

集合（set）类型的查看方法：

In[7]	type({1,2,3,4,5,6,7,8,9})
Out[7]	set

字典（dict）类型的查看方法：

In[8]	type({"a":0,"b":1,"c":2})
Out[8]	dict

2. 判断数据类型的方法

用内置函数 isinstance() 可以判断变量是否为整型。

判断 x 是否为整型（int）：

In[9]	x=10 isinstance(x,int)
Out[9]	True

判断 y 是否为整型（int），isinstance() 函数的第一个参数 y 为变量名，第二个参数 int 为数据类型的名称。

In[10]	y=10.0 isinstance(y,int)
Out[10]	False

In[11]	isinstance(True,int)
Out[11]	True

与 C 和 Java 语言不同的是，Python 语言内置数据类型中没有提供数组类型，而是用"列表"和"元组"代表类似其他语言中的"数组"。

在 Python 中，列表用"[ ]"表示，参见本书"2.3.2 列表"。

在 Python 中，元组的英文名称为 tuple，用圆括号或逗号表示元组，参见本书"2.3.3 元组"。

需要记住数据类型对应的 Python 关键字。

在 Python 中，用花括号表示集合或字典，参见本书"2.3.6 集合"。

字典与集合的区别：字典是带 Key 的集合，参见本书"2.3.7 字典"。

Python 表达式 isinstance（True，int）的输出结果为 True，原因：在 Python 中，bool 类型为 int 类型的子类。

3. 转换数据类型的方法

用数据类型函数，如 int()、float()、complex()、list() 等，可以实现 Python 对象数据类型的转换。通常，强制类型转换函数名与目标数据类型的名称一致。例如，需要转换成 int 类型，强制类型转换函数名为 int()。

将浮点数转换为整数（int）：

```
In[12]      int(1.6)
Out[12]     1
```

将整数转换为浮点数（float）：

```
In[13]      float(1)
Out[13]     1.0
```

将整数转换为布尔型（bool）：

```
In[14]      bool(0)
Out[14]     False
```

将列表转换为元组（tuple）：

```
In[15]      tuple([1,2,1,1,3])
Out[15]     (1, 2, 1, 1, 3)
```

将元组转换为列表（list）：

```
In[16]      list((1,2,3,4))
Out[16]     [1, 2, 3, 4]
```

<aside>列表（list）和元组（tuple）的区别：前者为"可变对象"，后者为"不可变对象"，参见"2.3.2 列表"和"2.3.3 元组"。</aside>

4. 特殊数据类型

与 C 和 Java 语言不同，Python 语言中有特殊的数据类型，如 None、NotImplemented 和 Ellipsis，Python 还支持复数类型、多种进制和科学记数法。

None 类型如下所示：

```
In[17]      x=None
            print(x)
Out[17]     None
```

<aside>在 Jupyter Notebook 中，None 的输出必须用 print() 函数，否则什么也看不见。</aside>

与 R 语言不同，Python 语言支持"标量"概念，如 Ellipsis、NotImplemented 等，但 R 语言中没有"标量"的概念，默认数据类型为"向量"。

NotImplemented 类型：

In[18]	NotImplemented
Out[18]	NotImplemented

省略号类型：

In[19]	Ellipsis
Out[19]	Ellipsis

Python 支持复数类型，complex 类型（复数类型）：

In[20]	x=2+3j print('x=',x)
Out[20]	x= (2+3j)

3+4j 等价于 complex(3,4)：

In[21]	y=complex(3,4) print('y=',y)
Out[21]	y= (3+4j)

复数支持加法运算：

In[22]	print('x+y=', x+y)
Out[22]	x+y= (5+7j)

bool 函数与布尔值：

In[23]	bool(1)
Out[23]	True

In[24]	bool(0)
Out[24]	False

In[25]	bool("abc")
Out[25]	True

如何表达"进制"？以二进制数为例：

In[26]	int('100', base=2)
Out[26]	4

十进制数的表示，base=10 意为十进制数。

In[27]	int('100', base=10)
Out[27]	100

科学记数法的表示中，e 代表的是科学记数法中的 10。

第一个参数必须用双引号或单引号括起来。如果没有双引号或单引号，Python 解释器将按变量名来处理，而 Python 变量名需要先定义，后使用。

在 Python 中，e 代表的并非为自然常数e＝271828。

In[28]	9.8e2
Out[28]	980.0

5. 序列类型

在 Python 中，"序列"（Sequence）并不是特指一个独立数据类型，而是泛指一种有序的容器，即容器中的元素有先后顺序，即"下标"的概念。Python 中常见的序列类型有字符串、列表和元组。但是，集合（Set）类型不属于序列，因为集合中的元素无先后顺序。

In[29]	mySeq1="Data Science" mySeq2=[1,2,3,4,5] mySeq3=(11,12,13,14,15)

可以对序列进行"切片"操作。

序列有共同的特征和操作，参见本书"2.3.5 序列"。

In[30]	mySeq1[1:3],mySeq2[1:3],mySeq3[1:3]
Out[30]	('at', [2, 3], (12, 13))

乘法操作在"序列"中有特殊含义——重复运算。

关于序列的更多操作方法，参见本书"2.3.5 序列"。

In[31]	mySeq1*3
Out[31]	'Data ScienceData ScienceData Science'

Python 的数据类型包括：整型、实型、复数类型、布尔型、字符（串）型、列表、元组、集合、集合常量和字典，如图 2-8 所示。

Python数据类型小结

	关键字	标志性符号	是否可变（允许局部替换）	是否为序列（支持序列操作）	强制类型转换函数
整型	int	无	否	否	int()
实型	float	小数点	否	否	float()
复数类型	complex	+/j	否	否	complex()
布尔型	bool	True/False	否	否	bool()
字符（串）型	str	单引号'或双引号"	否	是	str()
列表	list	方括号[]	是	是	list()
元组	tuple	圆括号()和逗号,	否	是	tuple()
集合	set	花括号{}	是	否	set()
集合常量	frozenset	花括号{}	否	否	frozenset()
字典	dict	花括号{}和key	是	否	dict()

图 2-8　Python 数据类型小结

2.3.2 列表

Q&A

（1）什么是列表？

【答】列表（list）是指一种可变的有序容器，其中的每个元素都有自己的下标（index）。在 Python 中，列表的标志性符号为方"[ ]"。

列表与元组的区别：

- 列表是可变的，元组是不可变的。
- 列表用的是"[ ]"，元组用的是"()"。

（2）如何定义一个列表？

【答】定义一个列表有三种方法。

- 用"[ ]"，将多个对象放在同一个有序的容器中。

```
myList1 = [1,5,6,2,3,4]
```

- 用赋值语句，将已定义列表变量赋值给新的列表变量。

```
myList2 = myList1
```

- 用强制类型转换的方法，将其他类型转换为列表。

```
myList3 = list("Data")
```

（3）列表的下标从 0 开始还是从 1 开始？

【答】列表的下标有两种表达方法。值得注意的是，Python 中的下标可以为负数，如图 2-9 所示。

规律：正下标从 0 开始；负下标从 −1 开始，二者的计数方向相反。

	第 1 个元素	第 2 个元素	...	第 $n-1$ 个元素	第 n 个元素
正数表示法	0	1		$n-2$	$n-1$
负数表示法	$-n$	$-(n-1)$		-2	-1

图 2-9 列表的下标

（4）如何对列表进行切片操作？

【答】通过设置列表的 start、stop、step 可选参数，对列表进行切片操作。

```
myList1[start: stop: step]
```

（5）列表的常用运算有哪些？

【答】列表的常用运算如下。

● 合并运算，用 .extend() 。

● 删除运算，根据下标删除用 .pop()，或根据内容删除用 .remove()。

● 插入运算，用 .insert() 。

● 排序运算，用 .sort() 。

● 逆序运算，用 reversed() 。

● 跟踪下标运算，用 enumerate() 。

● 两个列表的同步计算，用 zip() 。

值得注意的是上述功能的实现，有的用列表对象的"方法"，有的用"Python 内置函数"。此外，内置函数可以实现类似"方法"的功能，但二者存在细节上的不同。如列表的方法 .sort() 对应的内置函数有 sorted()，虽然都可以用于列表的排序，但后者不改变列表本身，而生成另一个新的列表，前者则相反。

（6）什么是列表的推导式？

【答】列表推导式的结构如图 2-10 所示。

| 需要重复计算的表达式 | for | 循环变量 | in | 迭代器 |

图 2-10　列表推导式的结构

（7）Python 中的列表编程应注意哪些问题？

【答】列表下标的写法为：可以用两个"："，三个数字，模板为 myList1[start:stop:step]。列表推导式在 Python 编程中具有广泛的应用，如

```
[type(item) for item in [True,"1",1,1.0]]
```

1. 定义方法

第一种方法：用 [ ]。

```
In[32]    myList1 = [21,22,23,24,25,26,27,28,29]
          myList1
Out[32]   [21, 22, 23, 24, 25, 26, 27, 28, 29]
```

第二种方法：用赋值语句，即将已定义列表变量赋值给新的列表变量。

左侧边注：

在数据分析中，需要特别注意数据分析过程是否修改数据本身。

在 Python 语法中，()、[]、{} 分别代表元组、列表和集合/字典。

In[33]	myList2=myList1 myList2
Out[33]	[21, 22, 23, 24, 25, 26, 27, 28, 29]

第三种方法：用强制类型转换的方法，将其他类型的对象转换为"列表"。

In[34]	myList3=list("Data") myList3
Out[34]	['D', 'a', 't', 'a']

Python 可以用负下标/负索引，"正下标"与"负下标"的区别为：正下标从 0 开始，从左到右编号；负下标从 –1 开始，从右到左编号。

In[35]	myList1[–1]
Out[35]	29

In[36]	myList1[–9]
Out[36]	21

In[37]	myList1[9]
Out[37]	--- IndexError Traceback (most recent call last) <ipython–input–37–8724c27fc4be> in <module> ----> 1 myList1[9] IndexError: list index out of range

Out[37] 报错原因是下标超出了边界。正确读取列表元素的方法如图 2-11 所示。

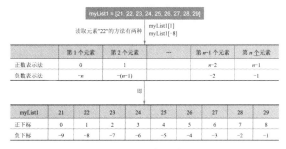

图 2-11　读取列表元素的方法

2. 切片操作

数据分析和数据科学项目中需要注意变量的当前值，查看列表当前值的方法如下：

In[38]	myList1
Out[38]	[21, 22, 23, 24, 25, 26, 27, 28, 29]

在 Python 中，列表的切片操作是通过下标进行的，"切片操作"的模式为"start:stop:step"。Python 序列的下标中出现 ":" 时，多数情况为对其进行"切片操作"。

In[39]	myList1[1:8]
Out[39]	[22, 23, 24, 25, 26, 27, 28]

step 参数的值可以设置为任意整数，此处设置为 2。

In[40]	myList1[1:8:2]
Out[40]	[22, 24, 26, 28]

在"切片操作"中，start、stop、step 参数均可省略，如图 2-12 所示。

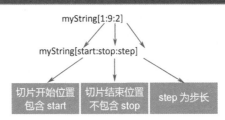

图 2-12　Python 切片操作示意图

省略 start 和 step 参数，只设置 stop 参数的列表切片示例如下：

In[41]	myList1[:5]
Out[41]	[21, 22, 23, 24, 25]

切片操作中不包括 stop 位置上的要素，如本例中不含下标为 5 的元素，即取值为 26 的元素。

省略了 start、stop、step 参数的列表切片操作示例如下：

In[42]	myList1[:]
Out[42]	[21, 22, 23, 24, 25, 26, 27, 28, 29]

省略了 stop 和 step 参数的列表切片操作示例如下：

In[43]	myList1[2:]
Out[43]	[23, 24, 25, 26, 27, 28, 29]

"切片操作"支持负下标：

```
In[44]       myList1[:-1]
Out[44]      [21, 22, 23, 24, 25, 26, 27, 28]
```

3. 反向遍历

```
In[45]       myList1
Out[45]      [21, 22, 23, 24, 25, 26, 27, 28, 29]
```

可以用下标 [::-1]（即 step=-1）的方式实现列表的反向遍历。

```
In[46]       myList1[::-1]
Out[46]      [29, 28, 27, 26, 25, 24, 23, 22, 21]
```

此处有两个 ":"。

切片操作不会改变列表本身，因此当显示列表 myList1 的当前值时，会显示其原来值。

```
In[47]       myList1
Out[47]      [21, 22, 23, 24, 25, 26, 27, 28, 29]
```

[:-1] 与 [:n-1] 的含义一样，在数据科学项目中经常出现下标为 -1 的情况，表示该下标的最大取值。

```
In[48]       myList1[:-1]
Out[48]      [21, 22, 23, 24, 25, 26, 27, 28]
```

实现列表的反向遍历，还可以用内置函数 reversed() 或列表方法 reverse()。

类似 sorted() 和 sort() 的区别。

```
In[49]       reversed(myList1)
Out[49]      <list_reverseiterator at 0x28ed738a6d8>
```

reversed() 函数的返回值为一个迭代器，可以用 list() 强制转换的方式显示其取值内容。

关于迭代器，参见本书 3.1 节。

```
In[50]       list(reversed(myList1))
Out[50]      [29, 28, 27, 26, 25, 24, 23, 22, 21]
```

查看 mylist 的当前值：

```
In[51]       myList1
Out[51]      [21, 22, 23, 24, 25, 26, 27, 28, 29]
```

内置函数 reversed() 与列表方法 reverse() 的区别：前者不改变列表本身，后者将改变列表本身。

In[52]	myList1.reverse() myList1
Out[52]	[29, 28, 27, 26, 25, 24, 23, 22, 21]

4. 类型转换

用 list() 进行强制类型转换，可以将字符串类型转换为列表类型。

In[53]	list("chaolemen")
Out[53]	['c', 'h', 'a', 'o', 'l', 'e', 'm', 'e', 'n']

5.extend 与 append 的区别

列表的"+"运算效果如下：

In[54]	myList1 = [21,22,23,24,25,26,27,28,29] myList2=myList1 myList1 + myList2
Out[54]	[21, 22, 23, 24, 25, 26, 27, 28, 29, 21, 22, 23, 24, 25, 26, 27, 28, 29]

列表的"+"运算相当于列表的 extend() 方法：

In[55]	myList1 = [21,22,23,24,25,26,27,28,29] myList2=myList1 myList1.extend(myList2) myList1
Out[55]	[21, 22, 23, 24, 25, 26, 27, 28, 29, 21, 22, 23, 24, 25, 26, 27, 28, 29]

列表的方法 append()：

In[56]	myList1.append(myList2) myList1
Out[56]	[21, 22, 23, 24, 25, 26, 27, 28, 29, 21, 22, 23, 24, 25, 26, 27, 28, 29, [...]]

两个列表的并列相加计算，其中 zip() 函数的功能为并行迭代，此处也使用到了列表推导，列表推导式必须放在 [] 中。

In[57]	myList1 = [1,2,3,4,5,6,7,8,9] myList3 = [11,12,13,14,15,16,17,18,19] [i + j for i, j in zip(myList1, myList3)]
Out[57]	[12, 14, 16, 18, 20, 22, 24, 26, 28]

列表的 append()
与 extend() 的方
法区别：前者
"以成员身份
嵌入式追加"，
后者是"平等
地并列式合并"。

参见本书【2.3.2
列表】。

6. 列表推导式

Python 中有"列表推导式"的概念，可以简化复杂的 for 语句。由于 Python 中有列表推导式、ufunc 函数、向量化计算等机制，因此基于 Python 的数据科学项目中一般不出现复杂的 for 语句。

采用"列表推导式"可以快速生成"列表"如"[2 for i in range(20)]"先做 range()，再做 i，最后做 2。注意：① 列表推导式必须放在 [] 中；② for 之前是一个表达式。列表推导式的示例如下：

```
In[58]      [2 for i in range(20)]
In[59]      [i for i in range(1, 21)]

Out[59]     [1, 2, 3, 4, 5, 6, 7, 8, 9, 10, 11, 12, 13, 14, 15, 16, 17, 18, 19,
            20]

In[60]      [i for i in range(1, 21, 2)]
Out[60]     [1, 3, 5, 7, 9, 11, 13, 15, 17, 19]
```

range(10) 相当于 range(0,10)：

```
In[61]      range(10)
Out[61]     range(0, 10)
```

下例中的 0、10、2 分别为迭代器的 start、stop 和 step 参数。

```
In[62]      list(range(0,10,2))
Out[62]     [0, 2, 4, 6, 8]
```

Python 中 for 语句的单行写法之列表推导式如图 2-13 所示。

图 2-13　for 语句的单行写法之列表推导式

In[63]	[type(item) for item in [True,"1",1,1.0]]
Out[63]	[bool, str, int, float]

列表推导式可以嵌套到其他函数中使用，如在 print() 中使用：

In[64]	print([ord(i) for i in [' 朝 ',' 乐 ',' 门 ']])
Out[64]	[26397, 20048, 38376]

Python 列表推导式中可以使用字符串的占位符，如 "%d"，用法类似 C 语言的 printf()、scanf() 函数中的占位符。

In[65]	["input/%d.txt" % i + "dd%d" % i for i in range(5)]
Out[65]	['input/0.txtdd0', 'input/1.txtdd1', 'input/2.txtdd2', 'input/3.txtdd3', 'input/4.txtdd4']

"%d" 为占位符，在对应位置上显示的是 "%i" 的值。

In[66]	["input/%d.txt"%i + "_%d" %i for i in range(5)]
Out[66]	['input/0.txt_0', 'input/1.txt_1', 'input/2.txt_2', 'input/3.txt_3', 'input/4.txt_4']

7. 插入与删除

列表的 insert() 方法可以向列表中新增或插入分量。例如，"1" 和 "8" 分别代表的是数值 "8" 在列表 lst_1 中的插入位置，即下标为 1 的位置。

In[67]	lst_1 = [10,10,11,12,13,14,15] lst_1.insert(1, 8) lst_1
Out[67]	[10, 8, 10, 11, 12, 13, 14, 15]

列表的 pop() 方法可以删除某个元素从指定向量，如下标为 2 的元素：

In[68]	lst_1 = [10,10,11,12,13,14,15] lst_1.pop(2) lst_1
Out[68]	[10, 10, 12, 13, 14, 15]

8. 常用操作函数

计算长度的方法：内置函数 len()，并非 length()。

```
In[69]      len(lst_1)
Out[69]     6
```

列表的排序：内置函数 sorted()。

```
In[70]      lst_1 = [10,10,11,12,11,13,14,15]
            sorted(lst_1)
Out[70]     [10, 10, 11, 11, 12, 13, 14, 15]
```

内置函数 sorted() 并不改变列表本身，查看 lst_1 如下：

```
In[71]      lst_1
Out[71]     [10, 10, 11, 12, 11, 13, 14, 15]
```

除了内置函数 sorted()，还可以用列表方法 sort()，后者直接更改列表本身的内容（取值）。

```
In[72]      lst_1 = [10,10,11,12,11,13,14,15]
            lst_1.sort()
            lst_1
Out[72]     [10, 10, 11, 11, 12, 13, 14, 15]
```

lst_2 作为 lst_1 的一个元素的"身份"来追加：

```
In[73]      lst_1 = [10,10,11,12,11,13,14,15]
            lst_2=[11,12,13,14]
            lst_1.append(lst_2)
            print(lst_1)
Out[73]     [10, 10, 11, 12, 11, 13, 14, 15, [11, 12, 13, 14]]
```

lst_2 后直接追加 lst_1，即直接合并两个列表中的元素：

```
In[74]      lst_1 = [10,10,11,12,11,13,14,15]
            lst_2=[11,12,13,14]
            lst_1.extend(lst_2)
            print(lst_1)
Out[74]     [10, 10, 11, 12, 11, 13, 14, 15, 11, 12, 13, 14]
```

列表的打印：内置函数 print()。

```
In[75]      lst_1 = [1,2,3,'Python',True,4.3,None]
            lst_2 = [1,2,[2,3]]
            print(lst_1, lst_2)
Out[75]     [1, 2, 3, 'Python', True, 4.3, None] [1, 2, [2, 3]]
```

内置函数 reversed() 与列表方法 reverse() 的区别：前者不修改列表本身，后者直接修改列表本身。

reversed(lst_1) 返回一个迭代器，需要用 list() 函数转换才能显示。

In[76]	lst_1 = [1,2,3,'Python',True,4.3,None] list(reversed(lst_1))
Out[76]	[None, 4.3, True, 'Python', 3, 2, 1]

In[77]	reversed(lst_1)
Out[77]	<list_reverseiterator at 0x28ed7410160>

在数据分析和数据科学中，需要注意"操作"或"方法"是否影响（更改）被操作对象本身的值。

reversed()：内置函数，不改变列表本身，临时返回另一个反向遍历的列表。查看 lst_1 如下：

In[78]	lst_1
Out[78]	[1, 2, 3, 'Python', True, 4.3, None]

列表 reverse() 方法改变列表本身的值：

In[79]	lst_1 = [1,2,3,'Python',True,4.3,None] lst_1.reverse() lst_1
Out[79]	[None, 4.3, True, 'Python', 3, 2, 1]

两个列表的同步计算：zip() 函数。

In[80]	str1=[1,2,3,4,5] str2=[20,21,23,24,25] print(zip(str1,str2))
Out[80]	<zip object at 0x0000028ED74122C8>

详见"3.1 迭代器与可迭代对象"。

zip() 函数的返回值为迭代器，需要进行 list() 强制类型转换后才能看到其内容（取值）。

In[81]	print(list(zip(str1,str2)))
Out[81]	[(1, 20), (2, 21), (3, 23), (4, 24), (5, 25)]

与 C 和 Java 不同的是，Python 中有"列表的推导式"的概念，可以避免复杂的 for 语句。

In[82]	str1=["a","about","c","china","b","beijing"] [x.upper() for x in str1 if len(x)>1]
Out[82]	['ABOUT', 'CHINA', 'BEIJING']

enumerate() 是数据分析中常用的内置函数，其功能为显示有序容器中的每个元素及其下标。

跟踪列表的下标：内置函数 enumerate()。

In[83]	myList=[2,3,5,6,7,3,2] list(enumerate(myList))

Out[83]	[(0, 2), (1, 3), (2, 5), (3, 6), (4, 7), (5, 3), (6, 2)]

在数据分析和数据科学中，需要注意面向软件开发的写代码与面向数据分析和数据科学的写代码之间的差异。在面向软件开发的编程时，Python 编程与 C/Java 编程是相似的，如：

In[84]	i=0 sum=0 for value in myList: i=i+1 sum=value+i sum
Out[84]	9

在面向数据分析和数据科学的 Python 编程时，Python 编程与 C/Java 编程差别很大，更加重视的是"数据层面的问题"，而不是"计算层面的问题"。请结合本书"2.3.7 字典"知识解读本行代码的输出结果。

In[85]	sum=0 [dict((value,i) for i, value in enumerate(myList))]
Out[85]	[{2: 6, 3: 5, 5: 2, 6: 3, 7: 4}]

2.3.3 元组

Q&A

（1）什么是元组？

【答】元组（tuple）是指一种不可变的、有序容器，其中的元素有位置上的先后顺序。在 Python 中，元组的标志性符号为"()"。

（2）如何定义元组？

【答】定义元组的方法有 4 种。

① 用圆括号 ()：

```
myTuple1 = (1, 3, 5, 7, 2)
```

② 用赋值语句，将已定义元组变量赋值给新的元组变量：

```
myTuple2 = myTuple1
```

③ 用强制类型转换的方法，将其他类型转换为元组：

```
myTuple3 = tuple("Data")
```

④ 用逗号运算符，即将第一种方法中的"()"省略：

```
myTuple4 = 1, 3, 5, 7, 2
```

（3）元组有哪些特点？

【答】元组有以下特点：

① 在 Python 中元组非常常见，凡是用"，"分隔的都是元组，如 1,3,5,7,2。

② 元组是序列结构的一种，因此支持序列结构的基本操作，如切片、len()、sorted()、in 操作等。

③ 元组是不可变对象，如下操作将报错。

```
myTuple5 = 1,3,5,7,2
myTuple5[2] = 3

-------------------------------------------
-------------------
TypeError                 Traceback (most recent call
last)
<ipython-input-1-bd3649dcc680> in <module>
      1 myTuple5 = 1,3,5,7,2
----> 2 myTuple5[2] = 3

TypeError: 'tuple' object does not support item assignment
```

④ 元组支持拆包式赋值，即以"对号入座"方式赋值。

（4）元组在 Python 中的主要应用场景有哪些？

【答】元组在 Python 中的主要应用场景如下。

① 赋值语句，以"对号入座"方式赋值，如"x,y,z = 1,2,3"。

② 函数的实际参数，对应带有一个"*"的形式参数，如"def func(args1, *args2): "。

③ 函数的返回值，出现在 return 后，如"return 1, 2, 3, 4, 5"。

④ 两个变量值的对调，如"x, y = y, x"。

1. 定义方法

第一种方法："()+ 逗号"形式。

In[86]	myTuple1=(1,3,5,7,2) print(myTuple1)
Out[86]	(1, 3, 5, 7, 2)

定义元组时可以省略圆括号，但不能省略逗号：

In[87]	1,3,5,7,2
Out[87]	(1, 3, 5, 7, 2)

第二种方法：用"赋值语句"将已定义元组的变量赋值给新元组的变量。

```
In[88]    myTuple2=myTuple1
          print(myTuple2)
Out[88]   (1, 3, 5, 7, 2)
```

第三种方法：用"强制类型转换"方法，将其他类型转换为元组。

```
In[89]    myTuple3=tuple("Data")
          myTuple3
Out[89]   ('D', 'a', 't', 'a')
```

第四种方法：用逗号运算符，即第一种方法中的圆括号可以省略。

```
In[90]    myTuple4=1,3,5,7,2
          print(myTuple4)
Out[90]   (1, 3, 5, 7, 2)
```

2. 主要特征

元组在 Python 中的应用非常广泛。Jupyter Notebook 会在输出（Out）变量中自动增加"()"。

```
In[91]    1,3,5,7,2
Out[91]   (1, 3, 5, 7, 2)
```

元组为"不可变对象"，列表为"可变对象"。下面代码报错，原因在于试图改变元组。

```
In[92]    myTuple=1,3,5,7,2
          myTuple[2]=100

          ------------------------------------------------
          ------------------
          TypeError                    Traceback (most recent call
          last)
Out[92]   <ipython-input-100-bab615dd7a09> in <module>
                  1 myTuple=1,3,5,7,2
          ----> 2 myTuple[2]=100

          TypeError: 'tuple' object does not support item assignment
```

> Python 的元组为不可变对象。

若将元组强制类型转换为列表，则 Python 解释器不会报错：

> 因为 Python 的列表为可变对象。

```
In[93]    myList=[1,3,5,7,2]
          myList[2]=100
          myList
```

· 63 ·

| Out[93] | [1, 3, 100, 7, 2] |

与列表类似，元组支持切片操作，因为二者均属于"序列"类型。

| In[94] | myTuple=1,3,5,7,2
myTuple[2:5] |
| Out[94] | (5, 7, 2) |

计算元组的长度：内置函数 len()。

| In[95] | myTuple=1,3,5,7,2
len(myTuple) |
| Out[95] | 5 |

元组的排序：内置函数 sorted()。sorted() 函数生成了另一个新结果，新结果的数据类型是"列表"，而不是"元组"。

| In[96] | myTuple=1,3,5,7,2
print(sorted(myTuple)) |
| Out[96] | [1, 2, 3, 5, 7] |

Python 的元组无 sort() 方法，因为元组为不可变对象，而 sort() 方法会改变原对象本身。运行下面代码会报错。

| In[97] | myTuple=1,3,5,7,2
myTuple.sort() |
| Out[97] | --

AttributeError   Traceback (most recent call last)
<ipython-input-105-d7b571f24488> in <module>
    1 myTuple=1,3,5,7,2
----> 2 myTuple.sort()

AttributeError: 'tuple' object has no attribute 'sort' |

元组的 in 操作：

| In[98] | myTuple=1,3,5,7,2
5 in myTuple |
| Out[98] | True |

元组的频次统计：count() 方法。如 myTuple.count(11) 的含义为统计 myTuple 中数值 11 的出现频次。

| In[99] | myTuple=1,3,5,7,2
myTuple.count(11) |
| Out[99] | 0 |

元组的"拆包式赋值"规则：对号入座。

| In[100] | ```
myTuple=1,3,5,7,2
x1,x2,x3,x4,x5=myTuple
x2
``` |
|---|---|
| Out[100] | 3 |

3. 基本用法

Python 中的特殊赋值方法——拆包式赋值。

| In[101] | ```
x,y,z =1,2,3
print(x,y,z)
``` |
|---|---|
| Out[101] | 1 2 3 |

用"圆括号＋逗号"表示一个元组，但圆括号可以省略。

| In[102] | ```
myTuple=(1,5,6,3,4)
print(myTuple)
print(len(myTuple))
print(max(myTuple))
``` |
|---|---|
| Out[102] | ```
(1, 5, 6, 3, 4)
5
6
``` |

支持"拆包式赋值"：

| In[103] | ```
myTuple=(11,12,13,12,11,11)
a1,a2,a3,a4,a5,a6=myTuple
a3
``` |
|---|---|
| Out[103] | 13 |

频次统计，即计算 myTuple 中 11 的出现频次：

| In[104] | ```
myTuple=(11,12,13,12,11,11)
myTuple.count(11)
``` |
|---|---|
| Out[104] | 3 |

4. 应用场景

在 Python 中，元组对应的是带有一个"*"的形式参数，即"元组的形参接收不定长的实参"。

关于形参与实参的含义，参见本书"2.5.4.5 形参与实参"。

| In[105] | ```
def func(args1,*args2):
    print(args1)
    print(args2)
func("a","b","c","d","e","f")
``` |
|---|---|
```

| Out[105] | a
('b', 'c', 'd', 'e', 'f') |

一个"*"对应的是元组，两个"*"对应的是字典：

当形参带有 **（如 args2）时，对应实参中必须显式给出每个 key 及其值，如 x1="b"，x2="c"，x3="d" 等。

| In[106] | ```
def func(args1,**args2):
    print(args1)
    print(args2)
func("a",x1="b",x2="c",x3="d",x4="e",x5="f")
``` |
| Out[106] | a
{'x1': 'b', 'x2': 'c', 'x3': 'd', 'x4': 'e', 'x5': 'f'} |

在 Python 中，很多函数的返回值往往为"元组"的原因在于，"return 1,2,3"相当于"return(1,2,3)"。

| In[107] | ```
def func():
  return 1,2,3,4,5
func()
``` |
| Out[107] | (1, 2, 3, 4, 5) |

在 Python 中，","代表的是元组，并在输出结果中自动增加了"()"。

| In[108] | 1,2 |
| Out[108] | (1, 2) |

更多内容参见本书 2.2.3 节中的"两个变量值的调换"。

在 Python 中，两个变量值的调换操作可以通过元组完成，如图 2-14 所示。

| In[109] | ```
x=1
y=2
x,y=y,x
print(x,y)
``` |
| Out[109] | 2 1 |

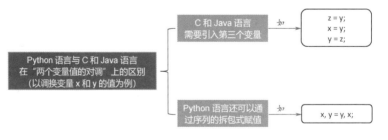

图 2-14 两个变量值的对调

2.3.4 字符串

（1）Python 中的字符串用单引号还是用双引号？

【答】都可以。如果字符串本身带有单引号（双引号），那么字符串需要用双引号（单引号）括起来，反之亦然。

```
"chaolemen"
'chaolemen'
"chao's"
'chao"s'
```

其实，三个单引号也可以。通常，字符串本身占多行时，用三个单引号表示：

```
str1='''
您好！
我好
'''
```

（2）Python 中是否有转义字符？

【答】有，用"\"表示，如"\t"。若字符串本身带有"\"，则有两种方法可以处理：第一种方法，用"\\"代表"\"；第二种方法，字符串前加一个字母 r，代表原始字符串，如字符串 r "c:\\test"。

（3）Python 的字符串有什么特殊的地方？

【答】Python 的字符串有两个比较特殊的地方。第一，Python 中的字符串是"不可变的对象"。第二，具有"序列"类型的共性特点，如可以用 [下标] 对字符串进行"切片操作"。

> Python 认为"一切皆为对象"，但对象有两种：可变对象和不可变对象。

```
str3="chaolemen"
str4=str3[1:3]
```

> str4 的值为 "ha"，注意：Python 字符串的下标的起始值为 0，而不是 1；切片操作是"左包含但右不包含"，即 str3[1:3] 中不包含原字符串 str3 中下标为 3 的元素。因此，str4 并非为 "hao"。

（4）Python 中常用的字符串处理函数有哪些？

【答】Python 中常用的字符串处理函数如下。

① 字符串的合并，用 join() 方法或运算符"+"。

② 去掉字符串左右空白符，用 strip() 方法。

③ 计算字符串的长度，用 len() 函数。

④ 字符串的大小写转换，转换成大写用 upper() 方法，转换成小写用 lower() 方法。

⑤ 字符串的排序，用 sort() 方法。

⑥ 判断某字符是否在字符串中，用成员运算符 in。

1. 定义方法

与 C 和 Java 不同，Python 统一了"字符"与"字符串"的概念，不再区别对待二者，即"字符"是"字符串"的一种特例。Python 字符串可以用单引号括起来，也可以用双引号括起来。

| In[110] | print('abc')
print("abc") |
| Out[110] | abc
abc |

当字符串本身含有单引号时，字符串只能用双引号括起来，反之亦然。

| In[111] | print("abc'de'f") |
| Out[111] | abc'de'f |

上例中，print() 的输出是单引号。下例中，print() 的输出是双引号。

| In[112] | print('abc"de"f') |
| Out[112] | abc"de"f |

Python 中也可以使用三个引号，其功能是表示"带有换行的字符串"。

| In[113] | str1='''
你好！
我好
！
'''

str1 |
| Out[113] | '\n 你好！\n 我好 \n !\n' |

2. 主要特征

特征之一：Python 中的字符串是"不可变对象"。

| In[114] | str1[0:4]="2222" |
| Out[114] | --

TypeError   Traceback (most recent call last)
<ipython-input-122-d80a51ea9762> in <module>
----> 1 str1[1:4]="2222"

TypeError: 'str' object does not support item assignment |

下面代码的执行不会报错，原因：Python 是动态类型语言，"不可变对象"的含义为该对象的内容（取值）不会发生局部更改，与"动态类型语言"是不同概念。

参见本书【2.1.2 Python 是动态类型语言】。

In[115]	str1="abc" str1="defghijk" str1[1:4]
Out[115]	'efg'

特征之二：Python 中的字符串属于"序列"。因此，凡是支持序列结构的运算符和函数都可以用于字符串，如 Python 字符串支持"切片操作"。

In[116]	'clm'[0:2]
Out[116]	'cl'

规律：切片操作的规则为"左包含但右不包含"，即在此代码中，切片后的结果中包含下标为 0 的元素，但不包含下标为 2 的元素。

下面为其他两个字符串切片操作的示例：

In[117]	str3="chaolemen" str4=str3[1:3] str4
Out[117]	'ha'

In[118]	"chaolemen"[:6]
Out[118]	'chaole'

3. 字符串的操作

字符串 join() 方法可以实现字符串合并操作，请注意下例输出结果中字符串之间的连接符或分隔符。

In[119]	'–'.join(['c', 'l'])
Out[119]	'c–l'

"+"实现字符串的合并：

In[120]	'c' + 'lm'
Out[120]	'clm'

字符串 strip() 方法可以去掉字符串的左右空白符，如空格、换行符等。

In[121]	" chaolemen ".strip()
Out[121]	'chaolemen'

判断一个字符（串）是否在另一个字符串中的方法：

'cl' in 'clm' 的结果也为 True。

In[122]	'c' in 'clm'
Out[122]	True

计算字符串长度的方法：

In[123]	len('clm')
Out[123]	3

目前，Python 采用的字符集编码方式为 UTF-8（8-bit Unicode Transformation Format）。查看 Python 字符集的方法：

```
import sys
```

```
sys.getdefaultencoding()
```

与 C 或 Java 不同，函数 chr() 的名称并非为 char。

Python 内置函数 ord() 可以查看某字符的 Unicode 编码。内置函数 chr() 的功能与内置函数 ord() 的相反，是显示 Unicode 编码对应的字符。

In[124]	print(ord('A')) print(chr(97))
Out[124]	65 a

In[125]	print(ord(' 朝 ')) print(chr(26397))
Out[125]	26397 朝

当字符串中含有"转义字符"时，输出方法 s 与 print(s) 的区别在于，前者不做转义。在上述两种输出方法中，前者为 Jupyter Notebook 的显示功能（即 Jupyter Notebook 的 Output 变量），后者为 Python 语言的输出功能（即 Python 的 print 函数）。

In[126]	s='a\tbbc' s
Out[126]	'a\tbbc'

In[127]	print(s)
Out[127]	a bbc

str() 函数将对象转换为字符串：

In[128]	str(1234567)
Out[128]	'1234567'

字符串的大小写转换。大写转换为小写用 lower() 方法，反之用 upper() 方法。

In[129]	"abc".upper()
Out[129]	'ABC'

特殊字符及路径问题，注意如下输入和输出的区别。

In[130]	s1="E:\SparkR\My\T" s1
Out[130]	'E:\\SparkR\\My\\T'

r 代表的是原始字符串，其含义为对字符串不进行转义处理：

In[131]	s1=r"http://www.chaolemen.org" s1
Out[131]	'http://www.chaolemen.org'

字符串的 join 操作。join() 方法的参数为"序列"，"."之前的变量（此处为 seq_str）为分隔符。

In[132]	sep_str = "-" seq = ("a", "b", "c") sep_str.join(seq)
Out[132]	'a-b-c'

多个字符串的排序可以通过放入列表后，再调用列表的 sort() 方法实现。

In[133]	str1=["abc","aaba","adefg","bb","c"] str1.sort() str1
Out[133]	['aaba', 'abc', 'adefg', 'bb', 'c']

Python 字符串支持"强制类型转换"，可以将字符串转换为列表。

In[134]	print("str=", str1) print("list(str1)=", list(str1))
Out[134]	str= ['c', 'bb', 'aaba', 'abc', 'adefg'] list(str1)= ['c', 'bb', 'aaba', 'abc', 'adefg']

强制类型转换成集合——set() 函数。

In[135]	print("set(str1)=",set(str1))
Out[135]	set(str1)= {'bb', 'c', 'adefg', 'aaba', 'abc'}

此外，Python 正则表达式（Regular Expression）的功能可以用模块 re 实现。compile() 函数和 findall() 方法的功能分别为"自定义一个正则表达式"和"用自定义正则表达式匹配目标字符串中的所有子字符串"。

原始字符串中不会转义，即不解释转义字符，如并不将"\n"解释成"回车符"。因此，在数据分析中，原始字符串常用于文件路径的表示。有时 Python 中会遇到以"u/U"开头的字符串，它是 Python 2 的语法。

Python 正则表达式的语法参见官网文档：https://docs.python.org/2/library/re.html。

| In[136] | ```python
import re
p1 = re.compile('[a–dA–D]')
r1 = p1.findall('chaolemen@ruc.edu.cn')
r1
``` |
|---|---|
| Out[136] | ['c', 'a', 'c', 'd', 'c'] |

2.3.5 序列

Q&A

（1）什么是"序列"？

【答】序列（sequence）不是一个独立的数据类型，而是列表、元组和字符串等元素之间有顺序关系的数据类型的统称。

常见的序列如下：

① 字符串（str），如"myString="123456789""。

② 列表（list），如"myList=[11, 12, 13, 14, 15, 16, 17, 18, 19]"。

③ 元组（tuple），如"myTuple=(21, 22, 23, 24, 25, 26, 27, 28 ,29)"。

（2）Python 中的"序列"有哪些特点？

【答】Python 中"序列"的特点如下：

① 支持索引，可通过元素的序号读取某个元素，如 myString[1]。

② 支持切片，可通过 [start: stop: step] 进行切片，如 myString[1: 9: 2]。

③ 支持迭代，序列是可迭代的数据类型，如 for i in myString:。

④ 支持拆包式赋值，如：

```python
myList =[11, 12, 13, 14, 15, 16, 17, 18, 19]
a1,a2,a3,a4,a5,a6,a7,a8,a9 =myList
a1,a6,a8

(11, 16, 18)
```

⑤ 支持重复运算符，如 myList *3。

⑥ 设有通用函数，参见通用函数部分。

（3）Python 中常用于"序列"的函数有哪些？

【答】Python 中常用于"序列"的函数如下。

① 计算长度，用 len()。

② 排序，用 sorted()。

③ 逆序，用 reversed()。

④ 跟踪下标，用 enumerate()。

⑤ 同步计算，用 zip()。
```

1. 支持索引

序列支持索引是指可以通过索引或下标读取某个元素。

In[137]	myString="123456789" myString[1]
Out[137]	'2'

In[138]	myList=[11,12,13,14,15,16,17,18,19] myList[1]
Out[138]	12

In[139]	myTuple=(21,22,23,24,25,26,27,28,29) myTuple[-1]
Out[139]	29

Python 下标可以为负数。负下标从 -1 开始，计算方向为从右到左。

2. 支持切片

序列支持切片是指可以通过 [start:stop:step] 进行切片。

In[140]	myString="123456789" myString[1:9:2]
Out[140]	'2468'

In[141]	myList=[11,12,13,14,15,16,17,18,19] myList[1:9:2]
Out[141]	[12, 14, 16, 18]

In[142]	myTuple=(21,22,23,24,25,26,27,28,29) myTuple[1:9:2]
Out[142]	(22, 24, 26, 28)

Python 中的切片是一种左包含右不包含的结构。

3. 支持迭代

序列是可迭代的数据类型，可以放在 for 语句的 in 后。

In[143]	myString="123456789" for i in myString: print(i,end=" ")
Out[143]	1 2 3 4 5 6 7 8 9

In[144]	myList=[11,12,13,14,15,16,17,18,19] for i in myList: print(i,end=" ")
Out[144]	11 12 13 14 15 16 17 18 19

	myTuple=(21,22,23,24,25,26,27,28,29)
In[145]	for i in myTuple: print(i,end=" ")
Out[145]	21 22 23 24 25 26 27 28 29

4. 支持拆包式赋值

序列支持"拆包式赋值",有时称为"并行赋值"。赋值规则为:对号入座。

	myString="123456789"
In[146]	a1,a2,a3,a4,a5,a6,a7,a8,a9=myString a1,a2,a3,a4,a5,a6,a7,a8,a9
Out[146]	('1', '2', '3', '4', '5', '6', '7', '8', '9')

	myList=[11,12,13,14,15,16,17,18,19]
In[147]	a1,a2,a3,a4,a5,a6,a7,a8,a9=myList a1,a2,a3,a4,a5,a6,a7,a8,a9
Out[147]	(11, 12, 13, 14, 15, 16, 17, 18, 19)

	myTuple=(21,22,23,24,25,26,27,28,29)
In[148]	a1,a2,a3,a4,a5,a6,a7,a8,a9=myTuple a1,a2,a3,a4,a5,a6,a7,a8,a9
Out[148]	(21, 22, 23, 24, 25, 26, 27, 28, 29)

5. 支持"*"运算

"*"是序列的重复运算符。

	myString="123456789"
In[149]	myString * 3
Out[149]	'123456789123456789123456789'

	myList=[11,12,13,14,15,16,17,18,19]
In[150]	myList * 3
Out[150]	[11, 12, 13, ... 19]

	myTuple=(21,22,23,24,25,26,27,28,29)
In[151]	myTuple * 3
Out[151]	(21, 22, 23, ... 29)

6. 通用函数

在 Python 中，凡是"序列"类型的对象，不管属于什么具体的数据类型（如列表、元组、字符串等），均支持共性函数。其中，计算长度可以使用 len()：

```
In[152]    myString="123456789"
           myList=[11,12,13,14,15,16,17,18,19]
           myTuple=(21,22,23,24,25,26,27,28,29)
           len(myString),len(myList),len(myTuple)
Out[152]   (9, 9, 9)
```

排序可以使用 sorted()：

```
In[153]    sorted(myString),sorted(myList),sorted(myTuple)
           (['1', '2', '3', '4', '5', '6', '7', '8', '9'],
Out[153]   [11, 12, 13, 14, 15, 16, 17, 18, 19],
           [21, 22, 23, 24, 25, 26, 27, 28, 29])
```

逆序可以使用 reversed()：

```
In[154]    reversed(myString),reversed(myList),reversed(myTuple)
           (<reversed at 0x1f9cee96a20>,
Out[154]    <list_reverseiterator at 0x1f9cee96518>,
            <reversed at 0x1f9cee96ac8>)
```

```
In[155]    list(reversed(myString))
Out[155]   ['9', '8', '7', '6', '5', '4', '3', '2', '1']
```

跟踪和枚举下标可以使用 enumerate()：

```
In[156]    enumerate(myString),enumerate(myList),enumerate(myTuple)
           (<enumerate at 0x1f9cede89d8>,
Out[156]    <enumerate at 0x1f9cedefca8>,
            <enumerate at 0x1f9cedefcf0>)
```

reversed 返回的是迭代器，支持惰性计算，可以用内置函数 list() 将其转换为列表，详见本书【3.1 迭代器与可迭代对象】。

enumerate 返回的是迭代器，可以用 list() 转换为列表：

```
In[157]    list(enumerate(myString))
           [(0, '1'),
            (1, '2'),
            (2, '3'),
            (3, '4'),
Out[157]    (4, '5'),
            (5, '6'),
            (6, '7'),
            (7, '8'),
            (8, '9')]
```

两个对象的同步计算可以使用 zip()：

In[158]	zip(myList,myTuple)
Out[158]	<zip at 0x1f9cee84648>

详见本书【3.1 迭代器与可迭代对象】。

内置函数 zip() 返回的是迭代器，可以用另一个内置函数 list() 将其转换为列表。

In[159]	list(zip(myList,myTuple))
Out[159]	[(11, 21), (12, 22), (13, 23), (14, 24), (15, 25), (16, 26), (17, 27), (18, 28), (19, 29)]

与列表、元组、集合和字典等不同的是，"序列"并非 Python 的独立数据类型，而是包含列表、元组和字符串在内的多个数据类型的统称。

2.3.6 集合

Q&A

（1）什么是集合？

【答】集合（set），是指一种可变的、无序容器，对应的是数学中的"集合"。在 Python 中，集合的标志性符号为"{}"。

（2）如何定义集合？

【答】定义集合的方法有 3 种。

① 用"{}"，如

```
mySet1 = {1, 2, 3, 4, 1, 2, 23}
```

② 用赋值语句：将已定义集合变量赋值给新的集合变量，如

```
mySet2=mySet1
```

③ 采用强制类型转换的方法，如

```
myList1 = [1,2,3,3]
mySet3 = set(myList1)
```

Python 中的 {} 还可以用在字典中。

（3）集合有哪些特点？

【答】集合的特点如下：

① 确定性，判断方法用运算符 in，如"2 in mySet3"。

② 无序性，因此不能通过下标访问集合中的某一个元素。

③ 互异性，因此以下两个集合视为相等。

```
mySet5={1,2,3}
mySet6={1,2,1,1,3}
```

· 支持集合运算，如并、交和差等。

· 属于可变对象，因此添加元素用 .add()，删除元素用 .remove()。

（4）集合的主要应用场景？

【答】集合的主要应用场景：用于去重，如 set([1,2,3,1,2,3,1,1]) 的返回结果为 {1,2,3}。

Python 中另有不可变的集合类型 frozenset。

1. 定义方法

第一种定义方法：用 {}。

In[160]	mySet1={1,2,3,4,1,2,23} mySet1
Out[160]	{1, 2, 3, 4, 23}

第二种定义方法：用赋值语句。

In[161]	mySet2=mySet1 mySet2
Out[161]	{1, 2, 3, 4, 23}

第三种定义方法：用 set() 函数。

In[162]	myList1=[1,2,3,3,2,2,1,1] mySet3=set(myList1) mySet3
Out[162]	{1, 2, 3}

set() 函数的本质为进行强制类型转换。

In[163]	mySet4=set("chaolemen") mySet4
Out[163]	{'a', 'c', 'e', 'h', 'l', 'm', 'n', 'o'}

2. 主要特征

① 集合支持 in 运算符。

In[164]	2 in mySet3

Out[164]	True

在数学中，确定性、互异性、无序性为集合的三个特性。

② 集合是无序容器，不支持下标。

In[165]	mySet4[2]
Out[165]	-- TypeError Traceback (most recent call last) <ipython-input-175-78241c857f8a> in <module> ----> 1 mySet4[2] TypeError: 'set' object is not subscriptable

在数据分析中，通常将set()用于重复过滤。

③ 集合具有重复过滤的功能。

In[166]	mySet5={1,2,3} mySet6={1,2,1,1,3} mySet5==mySet6
Out[166]	True

3. 基本运算

① 集合的定义。

In[167]	mySet7={1,3,5,10} mySet8={2,4,6,10}

相当于集合论中的∈。

② 元素与集合的之间属于关系。

In[168]	3 in mySet7
Out[168]	True

In[169]	3 not in mySet7
Out[169]	False

③ 集合之间的相等关系。

In[170]	mySet7 == mySet8
Out[170]	False

In[171]	mySet7 != mySet8
Out[171]	True

相当于集合论中的⊂。

④ 集合之间的包含关系。

In[172]	{1,5} < mySet7
Out[172]	True

⑤ 集合之间的并操作。

In[173]	mySet7lmySet8
Out[173]	{1, 2, 3, 4, 5, 6, 10}

⑥ 集合之间的交操作。

In[174]	mySet7&mySet8
Out[174]	{10}

⑦ 集合之间的差操作。

In[175]	mySet7−mySet8
Out[175]	{1, 3, 5}

⑧ 集合中添加或删除元素。

In[176]	mySet9={1,2,3,4} mySet9.add(4) mySet9.remove(1) mySet9
Out[176]	{2, 3, 4}

⑨ 将集合改变为不可变集合 frozenset。

In[177]	mySet10=frozenset({1,2,3,4}) mySet10
Out[177]	frozenset({1, 2, 3, 4})

In[178]	mySet10.add(5)
Out[178]	—— AttributeError Traceback (most recent call last) <ipython−input−191−d051a89f1878> in <module> ————> 1 mySet10.add(5) AttributeError: 'frozenset' object has no attribute 'add'

4. 应用场景

Python 数据分析中，通常用 set 进行数据，尤其是对列表进行重复过滤。

In[179]	myList=["d","a","t","a"] mySet11=set(myList) mySet11
Out[179]	{'a', 'd', 't'}

2.3.7 字典

Q&A

（1）什么是字典？

【答】字典（dict）是指一种可变的、无序容器，其中每个值（value）都有自己的健（key）。在 Python 中，字典的标志性符号为"{}"，表示的是一个映射结构，即 key 与 value 之间建立了映射关系，本质上字典是一个以 key 为元素的集合。

（2）如何定义一个字典？

【答】定义字典需要三点。第一，用 {}；第二，key 与 value 之间用":"分隔；第三，不同 key/value 之间用","分隔。如 myDict1 = {"name":"Jerry", "age": 23, 9:20}。

（3）字典有什么特征？

【答】可以通过 key 访问对应的 value，如 myDict1["name"]。字典是可变对象，因此可以修改字典中的 value，如 myDict1["name"] = "chao"。

（4）字典的主要应用场景是什么？

【答】作为函数的实际参数传递给形参，对应带有 ** 的形参，如 def func(args1, **args2):。

1. 定义方法

字典（dict）是一种映射结构，是一种无序容器，其中的每个元素（value）都有自己的 key。Python 中的字典相当于"R 语言中的 list"。

定义字典的方法为：用"{ }"。

In[180]	myDict1 = {'name': 'Jerry', 'age': 23,9:20} myDict1
Out[180]	{'name': 'Jerry', 'age': 23, 9: 20}

若两个 values 的 key 相同，会发生什么？请看 myDict2 的输出结果。

In[181]	myDict2={2:2,2:3,4:5} myDict2
Out[181]	{2: 3, 4: 5}

2. 字典的主要特征

特征一：可以通过 key（键）访问对应的 value（值）。

定义字典时应注意：第一，用 { }；第二，key 与 value 之间用":"分隔；第三，不同 key/value 之间用","分隔。

| In[182] | myDict1['name'] |
| Out[182] | 'Jerry' |

下例中，key 为整数（9），而不是字符串。可见，字典类对象的下标中可以写 key。

| In[183] | myDict1[9] |
| Out[183] | 20 |

特征二：字典是可变对象，可以修改键的值。

| In[184] | myDict1 = {'name': 'Jerry', 'age': 23,9:20}
myDict1['name']="chao"
myDict1 |
| Out[184] | {'name': 'chao', 'age': 23, 9: 20} |

Python 可变数据对象（如列表、集合、字典等）不可哈希。字典的 key 不能为"不可哈希"（unhashable type）对象。

| In[185] | dct3={[2,3]:[4,4], 5:5} |
| Out[185] | --
TypeError   Traceback (most recent call last)
<ipython-input-198-36fc453a24ae> in <module>
----> 1 dct3={[2,3]:[4,4], 5:5}

TypeError: unhashable type: 'list' |

上例运行出错，提示为 TypeError: unhashable type: 'list'。原因分析：key = [2,3] 不可哈希。

3. 字典的应用场景

字典在数据分析和数据科学中的主要应用场景是存放"临时数据"，如函数参数"**args"。此外，当实参为"字典"时，实参中必须以显式方式指定对应的 key（键）。

| In[186] | ```
def func(args1,**args2):
    print(args1)
    print(args2)
func("a",x1="b",x2="c",x3="d",x4="e",x5="f")
``` |
| Out[186] | a
{'x1': 'b', 'x2': 'c', 'x3': 'd', 'x4': 'e', 'x5': 'f'} |

字典是无序结构，访问其中的元素值（value）时不能通过下标，而应采用 key（键）。key 是区分的唯一依据。

当 key 为字符串时，需要用双引号括起来，否则报错：NameError: name 'a' is not defined。

在函数形参中，带有 * 和 ** 的参数分别代表的是元组（不带 key 的值）和字典（带 key 的值）的形参接收不定长的实参。

· 81 ·

2.4 包与模块

2.4.1 包

Q&A

（1）什么是"包"？包与模块的区别是什么？

【答】包由多个与同一个功能相关的模块组成，表现形式为含有 __init__.py 的文件夹。模块是一个 Python 文件，其中可以写类、语句和函数，如图 2-15 所示。

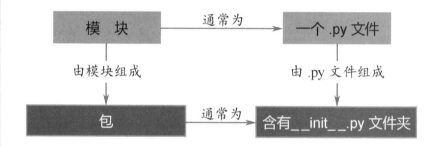

图 2-15　包与模块的区别

（2）如何进行包的下载、安装、更新、删除等操作？

【答】用包管理器，如 pip（Python 专用包管理器）、conda（支持多种语言的通用包管理器）。

（3）在 Python 中，使用包的基本步骤是什么？

【答】用 pip 或 conda 下载或安装所需包后，导入包中的指定模块，就可以调用指定模块中的函数或类了。

（4）在 Python 中，如何调用包管理器 pip 或 conda？

【答】在 Python 中，调用包管理器的代码如下。

① 查看已安装包的列表，命令如下：

```
pip list
conda list
```

② 更新某已安装包，命令如下：

```
pip install –upgrade 包名
conda updata 包名
```

Anaconda 中，已预装了数据分析的常用包，因此基于 Anaconda 进行数据分析时，有些常用包的使用不需要由数据分析员采用 pip 和 conda 工具进行下载和安装，可以直接导入（import）。

③ 移除某已安装包，命令如下：

```
pip uninstall 包名
conda uninstall 包名
```

④ 下载或安装指定的包，命令如下：

```
pip install 包名
conda install 包名
```

（5）Python 中有多少个包？数据科学中常用的包有哪些？

【答】数据分析中常用的包有：pandans，数据加工；numpy，数组处理；scikit-learn，机器学习；matplotlib，统计可视化；seaborn，统计可视化；statsmodels，统计功能；pandsql，SQL 语句编程。

更多包参见 pip 工具的官网 pypi. python.org。

1. 相关术语

文件：物理上的组织方式，如 math.py 的程序文件可以作为 module 的文件类型有 ".py"、".pyo"、".pyc"、".pyd"、".so"、".dll"。

包：通常为一个文件夹，即含有 __init__.py 文件的文件夹。

模块：逻辑上的组织方式，如 math。

库：模块的集合。

常用的 Python 包管理器（包的下载、更新、删除、查看等）有两种，区别如下。

PIP：仅管理 Python 语言的包，对应的包服务器为 PyPI（Python Packages Index），其官网为 https://pypi.org/。

Conda：管理多种语言的包，对应的包服务器为 Conda，其官网为 https://conda.io。

2. 安装包

安装包可以用 PIP 工具或 Conda 工具，用法：分别在命令行（Anaconda Prompt）命令行中输入如下命令。

In[1]
```
# pip list 包名
# conda list 包名
```

运行效果如图 2-16 所示。输入 pip install scipy 时提示 "Requirement already satisfied: scipy in c:\anaconda\lib\sitepackages"，说明此包已安装，不需要另行安装。但是 pip install orderPy 无此提示。

在 Jupyter Notebook 的 Python 代码中也可以直接写 pip 或 conda 命令，但需要命令前加 "!"。

为了方便编程，在
Jupyter Notebook
中已经预装了数
据分析和数据科
学中的常用包，
所以本书中包的
导入之前一般不
需要下载和安
装，除了 7.1 节
中的 pspark 等特
殊包。
用 PIP 工具下载
某个包很慢，可
以考虑用 Conda
或者 PIP 的国内
镜像服务器。关
于 PIP 的国内镜
像服务器的URL，
建议读者自行
查找。

图 2-16　安装包效果图

3. 查看已安装包

用 PIP 工具或 Conda 工具可以查看已安装包，用法为：在命令行（Anaconda Prompt）中输入如下命令。

In[2]	# pip list # conda list

运行效果如图 2-17 所示。

图 2-17　查看已安装的包

4. 更新（或删除）已安装包

PIP 工具或 Conda 工具可以更新（或删除）已安装包，用法：分别在命令行（Anaconda Prompt）命令行中输入如下命令。

In[3]	#pip install --upgrade 包名 #conda update 包名

运行效果如图 2-18 所示。

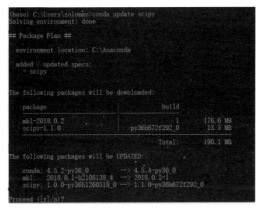

图 2-18　更新已安装包

删除已安装包的命令为 pip uninstall 和 conda uninstall。

5. 导入包

① 导入一个模块：建议在 as 后面尽量用约定俗成的别称。

In[4]　　　　import pandas as pd

② 一次导入多个模块：用 "," 分隔。

In[5]　　　　import pandas as pd, numpy as np, math as math

③ 只导入一个模块中的特定函数。

In[6]　　　　from pandas import DataFrame

其中，参数 pandas 为模块名，参数 DataFrame 为这个模块中的一个函数名。

④ 有层次的文件结构的模块的导入，用 "." 表示层次关系。

In[7]　　　　import Graphics.Primitive.fill

如果用 pip 和 conda 命令无法下载或安装某包，还可以到该包的官网下载，并按官网操作提示直接安装即可。

6. 查看包的帮助

在数据分析和数据科学项目中，可以通过很多方法查看某个包的帮助，建议初学者参考如下。

① Jupyter Notebook 中的 "help" 菜单中提供了常用包的官网地址，如 Pamdas、NumPy 等。

与 In[1]~In[3] 不同，以下代码 在 Jupyter notebook 中输入，参见本书 2.4.2 节。

不 要 写 成：import pandas, numpy, math as pd, np, ma。

from 后面是模块名，import 后面是函数名。

② 查阅特定包的官网，如 NumPy 的官网说明文档的 URL 为 https://docs.scipy.org/doc/numpy/reference/?v=20180107143112。

③ 用每个包提供的内置属性和方法，如查看包的版本号。

In[8]	pd.__version__
Out[8]	'0.22.0'

7. 常用包

在数据分析和数据科学项目中，常用的基础包如下。

- pandas：数据框（关系表）和 Series 处理。
- numpy：多维数组（矩阵）处理。
- scikit-learn、tensorflow 和 pytorch：机器学习。
- matplotlib：统计可视化。
- seaborn：数据可视化。
- statsmodels：统计分析。
- pandsql：SQL 编程。
- scrapy：Web 爬取。
- pySpark：Spark 编程。
- nltk、spacy：自然语言处理（英文）。
- pynlpir、Jieba：自然语言处理（中文）。
- wordcloud：生成词云。
- random：生成随机数。

2.4.2 模块

Q&A

（1）Python 中，什么是"模块"？模块与包之间的联系是什么？

【答】模块是一个 Python 文件，其中可以写类、语言和函数。模块与包之间的联系如图 2-19 所示。

图 2-19　模块与包的联系

（2）模块的存在形式是什么？存放在哪里？

【答】模块的存在形式分为非内置模块的存在形式和内置模块的存在形式两种。非内置模块以 .py 文件的形式存放在对应包的文件夹下，如可放在 Anaconda 安装目录的 Lib\sit-packages 中，与包同名的文件夹中。为了提高性能，Python 将经常使用的包做成了内置模块，并用 C 语言编写（而不是用 Python 语言编写），内置到解释器中。

（3）Python 模块的使用步骤是什么？

【答】Python 模块的使用步骤如图 2-20 所示。

图 2-20　Python 模块的使用步骤

（4）在 Python 中，内置模块有哪些？如何查看？

【答】可用 sys 模块来查看内置模块的清单，代码如下：

```
import sys
sys.builtin_module_names
```

1. 导入与调用用法

第一种方法：import 模块名。

In[9]	import math math.sin(1.5)
Out[9]	0.9974949866040544

在此方法下，调用函数的方式为：模块名.函数名()。

In[10]	cos(1.5)
Out[10]	--- NameError　　　　　　　　Traceback (most recent call last) <ipython-input-10-c0e26eff6099> in <module> ----> 1 cos(1.5) NameError: name 'cos' is not defined

正确写法为：math. cos(1.5)。

· 87 ·

上例报错：NameError: name 'cos' is not defined。原因分析：调用方法错误，缺少模块名 math。

第二种方法：import 模块名 as 别名。

在此方法下，调用函数的方式为：模块别名 . 函数名 ()。

In[11]	import math as mt mt.sin(1.5)
Out[11]	0.9974949866040544

第三种方法：from 模块名 import 函数名。

在此方法下，调用函数的方法为：函数名 ()。

In[12]	from math import cos cos(1.5)
Out[12]	0.0707372016677029

2. 查看内置模块清单的方法

查看内置模块清单的方法是用 sys 模块来查看内置模块的清单。内置模块不需要 pip install 或 conda install，直接 import 即可。

篇幅所限，在此只显示部分输出结果，更多内容可以通过运行 in[13] 代码查看。

In[13]	import sys sys.builtin_module_names
	('_abc',
	'_ast',
Out[13]	......
	'zlib')

2.5 内置函数、模块函数和自定义函数

2.5.1 函数

Q&A

（1）Python 经常遇到术语"函数"和"方法"，是一个概念吗？

【答】不是。函数是指类外定义的"函数"，可以直接用函数名调用，如 sorted(myList1)。方法是指类中定义的"函数"，必须通过对象名调用，如 myList1.sort()。

（2）Python 中的函数有几种？

【答】函数主要有三种。

① 内置函数（Built-In Function，BIF）：内置在解释器中的函数，可以直接用函数名调用，如 len()、type()、sorted() 等。

② 模块函数：定义在（第三方）模块中的函数，可以通过模块名调用，

如 import math math.sin(1.5)。

③ 用户自定义函数：用户自行定义的函数，可以根据函数的定义位置和可见范围进行调用。此外，Python 支持面向过程编程，因此用户定义的函数可以放在类中，也可以放在类外。

（3）听说"Everything is an object in Python"，那么，在 Python 中函数也是对象？

【答】是。凡是用于对象的函数都可以用在函数中，如 type(abs)，其中 abs 和 type 都是函数。

（4）Python 中，函数的编写应注意什么？

【答】Python 中，函数的编写应注意的事项如下：

① * 参数对应的实参为"元组"。

② ** 参数对应的实参为"字典"。

③ 函数的返回值可以为迭代器、元组、None 等，如果函数中没有 return 语句，那么 Python 自动返回 None。

④ 建议函数中提供 DocString（其内容由 ''' 括起来）。

三种重要函数

Python 语言既支持函数式编程（Functional Programming），又支持面向对象编程（Object Oriented Programming），方便了不同数据分析和数据科学项目的完成。通常，当调用第三方包来完成自己的数据分析项目时，用函数式编程更为方便、实用。但是，当开发一个新的第三方包时，建议使用面向对象方法，以便程序代码的可复用和可维护。

Python 的函数可以分为内置函数、模块函数和用户自定义函数。

内置函数（Built-In Function，BIF）是指已内置在 Python 解释器中的函数，其调用方法为"直接用函数名"。

In[1]	i=20 type(i)
Out[1]	int

模块函数是指定义在 Python 模块中的函数，其调用方法为：先 import 所属模块，后通过"模块名"或"模块别名"调用。

In[2]	import math as mt mt.sin(1.5)
Out[2]	0.9974949866040544

"用户自定义函数"是指我们（用户）自己定义的函数，其调用方法为"直接用函数名"。

关于如何开发自己的第三方扩展包，建议查阅 Python 官网文档 How To Package Your Python Code（https://python-packaging.readthedocs.io/en/latest/）。

此处，"用户"是指 Python 程序员。

In[3]	```def myFunc(): j=0 print('hello world') myFunc()```
Out[3]	hello world

2.5.2 内置函数

Q&A

（1）什么是"内置函数"？

【答】内置函数是指内置在 Python 解释器中的函数，可以直接通过函数名（不需要提供所属模块名或类名的前提下）调用的函数，如 len(myList1)。

（2）如何查看内置函数的说明或帮助？

【答】help() 函数或者"?"操作符，如 help(len) 或 len?。

（3）常用内置函数有哪些？

【答】内置函数大致可分为数学函数、类型函数和其他功能函数等。例如，help()，查看帮助；type()，查看类型；id()，查看 id；len()，计算长度；isinstance()，判断是否属于特定数据类型。

1. 内置函数的主要特点

内置函数的主要特点是"直接通过函数名调用"，如 type() 函数。

In[4]	i=20 type(20)
Out[4]	int

查看内置函数的方法——内置函数 dir()。

In[5]	dir(__builtins__)
Out[5]	['ArithmeticError', 'AssertionError', ... 'zip']

2. 数学函数

求绝对值：

In[6]	abs(−1)
Out[6]	1

求最小值：

```
In[7]     min([1,2,3])
Out[7]    1
```

求最大值：

```
In[8]     max([1,2,3])
Out[8]    3
```

求 2 的 10 次方：

```
In[9]     pow(2,10)
Out[9]    1024
```

四舍五入，第二个参数的含义为小数点后保留的位数：

```
In[10]    round(2.991,2)
Out[10]   2.99
```

3. 数据类型函数

强制类型转换为 int（整数）：int()。

```
In[11]    int(1.134)
Out[11]   1
```

一般情况下，Python 中的强制类型转换时所需的函数名与目标数据类型的名称一致。

强制类型转换为 bool（布尔值）：bool()。

```
In[12]    bool(1)
Out[12]   True
```

强制类型转换为 float（浮点数）：float()。

```
In[13]    float(1)
Out[13]   1.0
```

强制类型转换为 str（字符串）：str()。

```
In[14]    str(123)
Out[14]   '123'
```

强制类型转换为 list（列表）：list()。

```
In[15]    list("chao")
Out[15]   ['c', 'h', 'a', 'o']
```

强制类型转换为 set（集合）：set()。

In[16]	set("chao")
Out[16]	{'a', 'c', 'h', 'o'}

强制类型转换为 tuple（元组）：tuple()。

In[17]	tuple("chao")
Out[17]	('c', 'h', 'a', 'o')

4. 其他功能函数

查看数据类型：type()。

In[18]	i=0 type(i)
Out[18]	int

判断数据类型：isinstance()。

In[19]	isinstance(i, int)
Out[19]	True

查看变量的搜索路径：调用内置函数 dir() 或用魔术命令"%whos"和"%who"。

In[20]	dir()
Out[20]	['In', 'Out', '_', … 'quit']

查看帮助：help()。

In[21]	help(dir)
Out[21]	Help on built-in function dir in module builtins: dir(…) dir([object]) -> list of strings If called without an argument, return the names in the current scope. Else, return an alphabetized list of names comprising (some of) the attributes of the given object, and of attributes reachable from it. If the object supplies a method named __dir__, it will be used; otherwise the default dir() logic is used and returns: for a module object: the module's attributes.

```
        for a class object:  its attributes, and recursively the
attributes
    of its bases.
    for any other object: its attributes, its class's attributes, and
    recursively the attributes of its class's base classes.
```

计算长度：len()。

In[22]	myList=[1,2,3,4,5] len(myList)
Out[22]	5

快速生成序列：range()。

In[23]	range(1,10,2)
Out[23]	range(1, 10, 2)

range(1,10,2) 用于生成一个迭代器，其起始位置（start）为1（含1），结束位置（stop）为10（不含10），步长为2。参见本书2.3.2节。

range() 的返回值为一个迭代器。迭代器是"惰性计算"的，所以通过强制类型转换函数 list() 将迭代器的值进行计算并显示。

In[24]	list(range(1,10,2))
Out[24]	[1, 3, 5, 7, 9]

判断函数可否被调用：callable()。

In[25]	callable(dir)
Out[25]	True

具体参见本书3.1节。

十进制转换为二进制：bin()。

In[26]	bin(8)
Out[26]	'0b1000'

十进制转换为十六进制：hex()。

In[27]	hex(8)
Out[27]	'0x8'

2.5.3 模块函数

Q&A

（1）什么是"模块函数"？

【答】模块函数是指定义在（第三方）模块中的函数。

（2）如何调用"模块函数"？

【答】先导模块入，后通过模块名调用函数：

```
import math
math.sin(1.5)
```

（3）如何导入"模块函数"？

【答】与内置函数不同，模块函数定义在第三方提供的包或模块中，其调用必须在"导入模块"的前提下进行，并通常通过模块名调用。Python 中模块的导入方法有多种，不同的导入方法对应的函数调用方法不同。导入模块函数的方法如下。

① import 模块名，再通过模块名读取模块函数：

```
import math
math.sin(1.5)
```

② import 模块名 as 别名，再通过别名读取模块函数：

```
import math as mt
mt.sin(1.5)
```

③ from 模块名 import 函数名，再通过函数名读取：

```
from math import cos
cos(1.5)
```

（4）调用模块函数时应该注意哪些问题？

【答】应注意的问题是：* 参数与 ** 参数的区别；位置参数与关键词参数的区别；可选参数与必选参数的区别。

1. import 模块名

第一种导入方法：import 模块名。

In[28]	`import math` `math.sin(1.5)`
Out[28]	0.9974949866040544

In[29]	`cos(1.5)`

Out[29]	`-------------------------------------------------------`
	`-----------------`
	NameError Traceback (most recent call last)
	`<ipython-input-29-edeaf624fe76> in <module>`
	`----> 1 cos(1.5)`
	
	`NameError: name 'cos' is not defined`

当导入一个模块时，Python 解释器为了加快程序的运行速度，会在与该模块同一目录中的 __PyChache__ 子目录下生成对应的 .pyc 文件。

参见本书 2.5.4 节的对应知识点。

此方法中，函数的调用方法为：模块名 . 函数名 ()。

· 94 ·

上例代码报错，NameError: name 'cos' is not defined。报错原因分析：在 cos() 函数的调用时，没有给出其模块名"math"。

纠正方法是使用：模块名 . 函数名。

| In[30] | math.cos(1.5) |
| Out[30] | 0.0707372016677029 |

2. import 模块名 as 别名

第二种导入方法：import 模块名 as 别名。

| In[31] | import math as mt
mt.sin(1.5) |
| Out[31] | 0.9974949866040544 |

从原理上看，"import 模块名 as 别名"中的"别名"用户可以自行定义。但是，在数据分析和数据科学实践中，为了保证源代码的可读性，每个包或模块的"别名"并不是随意给出的，而是采用约定俗成的"别名"，如 pandas、numpy 的"别名"一般为 pd 和 np。

3. from 模块名 import 函数名

第三种方法：from 模块名 import 函数名。

| In[32] | from math import cos
cos(1.5) |
| Out[32] | 0.0707372016677029 |

| In[33] | from math import sin
sin(1.5) |
| Out[33] | 0.9974949866040544 |

2.5.4 自定义函数

Q&A

（1）如何自定义函数？

【答】用关键字 def 自定义函数。

```
def my_func(x1, *x2, x3, x5=5, x4=4):
    print(x1)
    print(x2)
    print(x3, x4, x5)
```

（2）参数传递是值传递还是地址传递？

此方法中，函数的调用方法为：模块别名 . 函数名 ()。

用此方法导入的模块的函数的调用方法为：函数名 ()。建议与 In[29] 进行对比分析。解释器不报错的原因在于模块的导入方式发生了变化。

使用此方法直接从模块中导入指定函数，因此，在调用时只需使用函数名，而不需另给出模块名，其调用方法与内置函数类似。

Python 函数的定义中可以嵌套另一个函数的定义，如闭包（closure）。

【答】都有。当实参为可变变量时,采用地址传递;当形参为不可变变量时,采用值传递。

(3)返回值的指定方法是什么?

【答】一般返回值使用 return 语句,如果没有 return 语句,那么系统自动返回 None。然而,生成器用 yield 语句返回值。此外,Python 允许函数返回值可以为函数名,最有代表性的是"闭包"。

(4)函数中的变量可见性如何定义或改变?

【答】全局变量,global;局部变量,local;非局部变量,nonlocal。

(5)在 Python 中,函数编程应注意哪些问题?

【答】在 Python 中,函数编程的注意事项如下。

① 在形参中,应注意必选参数与可选参数。可选参数是指带有默认值的参数,否则为必选参数。如 def my_func(x1, *x2, x3, x5=5, x4=4): 中的 x1、x2、x3 为必选参数,x4、x5 为可选参数。

② 在实参中,应注意位置参数与关键词参数。判断依据为是否带有参数名。如 my_func(1, 2, 4, x3=3, x5=5),关键词参数为 x3、x5。

③ 在形参中,应注意 * 参数与 ** 参数。二者都为特殊参数,* 参数对应的实参为元组,** 参数对应的实参为字典。

④ 在形参中,应注意强制命名参数。在函数调用时,实参中必选显式地使用"强制命名参数"的名称,否则会出错。在形参中,凡是出现在带 * 参数的后面定义的形式参数叫"强制命名参数"。

1. 定义方法

与 C 和 Java 语言不同,Python 语言的自定义函数是通过关键字 def 定义的。

| In[34] | ```def func1():   j=0   print('hello world')   def func2(i):   print('pass'+str(i)+str(j))   return func2``` |

调用第一层函数的方法如下。

In[35]	func1()
Out[35]	hello world <function __main__.func.<locals>.func2(i)>

调用第二层函数的方法如下。

```
In[36]    func1()(2)
Out[36]   hello world
          pass20
```

2. 函数中的 docString

在定义函数时，可以（也建议）设置其 docString。

```
In[37]    def get_name(msg):
          ''' 根据用户提示 msg，获取用户名，如果输入为空，则默认为
          Friend '''
              name = input(msg) or 'Anonymous User'
              return name
```

查看函数中的 docString 的方法为"help()"函数或"?"。

```
In[38]    help(get_name)
          Help on function get_name in module __main__:

Out[38]
          get_name(msg)
```

根据用户提示 msg，获取用户名，若输入为空，则默认为 Friend。

```
In[39]    get_name?
```

3. 调用方法

调用自定义函数——直接用函数名：

```
In[40]    get_name('plz enter your name : ')
          plz enter your name : chaolemen
Out[40]
          'chaolemen'
```

判断函数是否为"可被调用"的方法——内置函数 callable()：

```
In[41]    print(callable(get_name))
Out[41]   True
```

4. 返回值

用 return 语句指定返回值：

```
In[42]    def myfunc(i,j=2):
              j=i+1
              return j
          print(myfunc(3))
```

先运行 func1()，return func2 时运行了 unc2()。如果没有这个 return 语句，系统会自动返回 None，导致的后果是 None(2)，错误提示为'NoneType'object is not callable。

In[37] 中代码的含义为：根据用户提示 msg，获取用户名，若输入为空，则默认为 Friend。

docString 部分需要用三个单引号括起来，此处三个单引号可以改为双引号。

参见本书 3.3 节。

Out[42]	4

① 如果没有 return 语句，那么函数返回值为 None，Python 通常用 None 表示缺失值。

In[43]	def myfunc(i,j=2): j=i+1 print(myfunc(3))
Out[43]	None

② Python 函数可以同时返回多个值。

return i,j 相当于
return (i,j)。

In[44]	def myfunc(i,j=2):
	    j=i+1
	    return i,j
	a,b =myfunc(3)
	a,b

Out[44]	(3, 4)

5. 形参与实参

形参与实参的使用方法如图 2-21 所示。

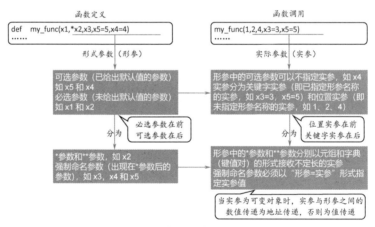

图 2-21 形参与实参的使用方法

从函数定义视角，形参分为可选和必选。判断依据：带有默认值的参数称为"可选参数"，调用它时可以不用给出实参，如下例中的 x5。

| In[45] | ```
def my_func(x1,*x2,x3,x5=5,x4=4):
    print(x1)
    print(x2)
    print(x3)
    print(x4)
    print(x5)
my_func(1,2,4,x3=3,x5=5)
``` |
| Out[45] | |

所有关键字参数必须出现在位置参数后。

对号入座后，剩下的（2和4）变成一个元素传入参数x2。

以下代码对应的函数定义的头部为：def my_func(x1,*x2,x3,x5 = 5, x4 = 4)。

从函数调用视角，实参分为位置参数和关键词参数（又称为命名参数）。判断依据是是否带有参数名。如 x3=3, x5=5 为关键字参数，1,2,4 为位置参数。

| In[46] | ```
my_func(1,2,x4=4,x3=3,x5=5)
``` |
| Out[46] | ```
1
(2,)
3
4
5
``` |

从函数定义视角，形参中凡是出现在带"*"参数的后面定义的形式参数叫"强制命名参数"，如 def my_func(x1,*x2,x3,x5 = 5,x4 = 4): 中的 x3、x5 和 x4。

所有关键字参数必须出现在位置参数后。

| In[47] | ```
my_func(1,2,4,x3=3,x5=5)
``` |
| Out[47] | ```
1
(2, 4)
3
4
5
``` |

在函数调用时，实参中必须显式地使用参数名，否则 Python 解释器会报错。

6. 变量的可见性

local 变量：在函数内定义的变量，仅在该函数内可见。

| In[48] | ```
x=0
def myFunc(i):
    x=i
    print(x)

myFunc(1)
print(x)
``` |
| Out[48] | ```
1
0
``` |

第二个 x 与第一行中的 x 并非同一个x，第二个 x 是 local 变量。

global 变量：将 local 变量改为 global 变量的方法为加一行 global x，而不是只写一个单词 global。
```

<table>
<tr><td rowspan="2"></td><td>In[49]</td><td>

```
x=0
def myFunc(i):
    global x
    x=i
    print(x)
myFunc(1)
print(x)
```

</td></tr>
<tr><td>Out[49]</td><td>

```
1
1
```

</td></tr>
</table>

nonlocal 变量：与 global 类似，Python 中还有 nonlocal 变量，用法与 global 一样，但是用于内嵌函数。

<table>
<tr><td rowspan="2">

在输入源代码时，global x 与 nonlocal x 应以独占一行的格式缩写。

调用 myFunc() 时，并未执行嵌套函数 myF()。

</td><td>In[50]</td><td>

```
x=0
def myFunc(i):
    x=i
    def myF():
        nonlocal x
        x=2
        print(x)
    print(x)
myFunc(1)
print(x)
```

</td></tr>
<tr><td>Out[50]</td><td></td></tr>
</table>

7. 值传递与地址传递

Python 的实参和形参之间的参数传递机制有两种，即值传递和地址传递。不同参数传递机制的选择取决于实参，当实参为：

- 不可变对象（int,float,str,bool,tuple）时，采取值传递机制，即形参的变化不会影响实参的值，原因是二者分别指向不同的内存空间。
- 可变对象 (list,set,dict) 时，采取地址传递机制，与上述"值传递"相反。

① 值传递：当实参为不可变对象（int、float、str、bool、tuple）时，实参和形参分别占用不同的内存空间，即在"被调用函数"中修改形参时，不会改变实参的值。

<table>
<tr><td rowspan="2">

在 Python 中，带有默认值的参数（如 k=2）是可选参数。

</td><td>In[51]</td><td>

```
i=100
def myfunc(j,k=2):
    j+=2
myfunc(i)
print(i)
```

</td></tr>
<tr><td>Out[51]</td><td>100</td></tr>
</table>

② 地址传递：当实参为可变对象（list、set、dict）时，实参和形参共享同一个内存空间，即当形参发生变化时，实参也会随之变化。

In[52]	i=[100] def myfunc(j,k=2): 　　j[0]+=2 myfunc(i) print(i)
Out[52]	[102]

这个输出结果与 Out[51] 不同。

值传递与地址传递的区别如下：

① 当值传递时，实参和形参各占自己的空间，二者独立，即二者互不影响；修改形参值时，实参不会随之发生变化。

② 当地址传递时，实参和形参共享同一个内存空间；修改形参值时，实参的值也随之发生变化。

实参和形参的数据传递原则是对号入座，除了 self、cls 等特殊参数，这些特殊参数不需要另传给实参，如 def class_func(cls): 和 def __init__(self, name, age):。

8. 注意事项

① 形式参数分为"位置参数"和"关键字参数"，区别在于是否带默认值，若带，则称为"关键字参数"。

In[53]	def myfunc(j,k=2): 　　j+=k 　　j d=myfunc(2,3) d

关键字参数必须在位置参数后，否则报错 Syntax Error: non-default argu ment follows default argument。也就是说，关键字参数后不能再出现非关键字参数。

In[54]	def myfunc(k=2,j): 　　j+=k 　　j d=myfunc(2,3) d
Out[54]	File "<ipython-input-54-9233ffe4fa0d>", line 1 　　def myfunc(k=2,j): 　　　　　　　　^ SyntaxError: non-default argument follows default argument

没有 return 语句，则返回 None。

上例报错 SyntaxError: non-default argument follows default argument，原因分析：关键字参数必须在位置参数后。

② 当 Python 中的自定义函数中没有写或忘记写 return 语句时，Python 解释器将自动返回 None。

None 的含义为缺失值。

| In[55] | ```
def myfunc(j,k=2):
    j+=k
    j
d=myfunc(3)
print(d)
``` |
|---|---|
| Out[55] | None |

判断 d 中的值是否是 None：

In[56]	d is None
Out[56]	True

③ 在 Python 中，函数也是对象，即"Python 认为一切皆为对象"。

| In[57] | ```
myfunc=abs
print(type(myfunc))
print(myfunc(-100))
``` |
|---|---|
| Out[57] | ```
<class 'builtin_function_or_method'>
100
``` |

9. lambda 函数

Q&A

（1）什么是 lambda 函数？

【答】lambda 函数是指自定义函数的一种，专指用关键字 lambda 定义的无名短函数，如图 2-22 所示。

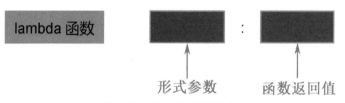

图 2-22　lambda 函数形式

（2）如何理解 lambda 函数？

【答】lamda 函数有个"："，冒号之前是形式参数，冒号之后是函数返回值。如在 lambda x: x+3 中，x 为形式参数，x+3 为函数返回值。

（3）lambda 函数有什么用？

【答】lambda 函数的作用为：一是在写表达式时，可以作为表达式的一个组成部分，如
```

```
x = 2
y = lambda x: x+3
y(2)
```

二是在调用函数时，可以作为实际参数，如

```
filter(lambda x: x % 3 ==0, Mylist)
```

（1）lambda 函数的定义方法

lambda 函数的本质是单行匿名函数，在 Python 中的单行写法如图 2-23 所示。

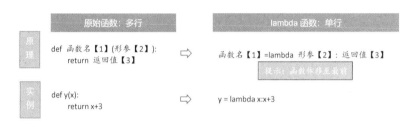

图 2-23　lambda 函数

lambda 函数的写法如下：

In[58]	x=2 y= lambda x:x+3 y(2)
Out[58]	5

In[58] 中的 lambda 函数相当于如下普通函数。

In[59]	x=2 def myfunc(x): 　return x+3 myfunc(2)
Out[59]	5

（2）lambda 函数的调用方法

在数据分析与数据科学项目中，lambda 函数通常以另一个函数的参数形式使用，以 filter() 函数为例。

In[60]	MyList = [1,2,3,4,5,6,7,8,9,10] filter(lambda x: x % 3 == 0, MyList)
Out[60]	<filter at 0x1ff8de9f7b8>

再通过调用强制类型转换函数 list() 显示 filter() 函数的返回值。

filter() 函数采用迭代式读取方式从第二个参数 MyList 中按下标（位置）顺序依次读取每个元素并将其读入第一个参数（lambda 函数）的 x。

· 103 ·

filter() 函数的返回值为迭代器，需要进行强制类型转换才能看到其数据值，见本书 3.1 节。

In[61]	list(filter(lambda x: x % 3 == 0, MyList))
Out[61]	[3, 6, 9]

lambda 函数作为 map() 函数的参数使用：

In[62]	list(map(lambda x: x * 2, MyList))
Out[62]	[2, 4, 6, 8, 10, 12, 14, 16, 18, 20]

lambda 函数作为 reduce() 函数的参数使用：

map() 与 reduce() 函数的区别：reduce() 函数从 Python 3 版本开始不再是内置函数。

In[63]	from functools import reduce reduce(lambda x, y: x + y, MyList)
Out[63]	55

小　结

本章主要讲解了 Python 的基本语法，包括：变量及其定义方法，运算符、表达式、语句，数据类型与数据结构，包与模块，内置函数、模块函数和自定义函数。在变量及其定义方法的学习中，读者需明确 Python 是动态类型、强类型语言；在运算符、表达式、语句的学习中，需特别注意 Python 语句的书写特点和规范；在数据类型与数据结构的学习中，需重点掌握列表、元组、字符串、序列、集合和字典；在包与模块的学习中，应掌握包的安装、查看、更新和导入，模块的导入和调用；在内置函数、模块函数和自定义函数的学习中，应重点关注形参、实参和 lambda 函数的使用。

习　题　2

（1）以下哪个不是 Python 的关键字？（　　）

A. as　　　　B. None　　　　C. from　　　　D.dict

（2）下列代码的运行结果是（　　）。

```
x = 2
x *= 2**2**3//100
print(x)
```

A. 0　　　　B. 4　　　　C. 5　　　　D. 5.12

（3）以下关于 Python 的赋值说法中，错误的是（　　　）选项。

A. Python 不支持链式赋值

B. Python 支持多重赋值

C. Python 同一个变量名在不同位置可以被赋予不同的类型与数值

D. Python 不用引入新变量就可以对调两个变量的值

（4）下列代码的运行结果是（　　　）。

```
x = 60.0
x /= 5−2
```

（5）下列代码运行结果是（　　　）。

```
x1,x2,x3,x4,x5 = "hello"
print(x2)
```

（6）Python 的单行注释符号是（　　　）。

（7）下列代码的运行结果是（　　　）。

```
# x = 20
y = True
print(x+y)
```

A. 1 　　　　　　　　　　　B. True

C. 21 　　　　　　　　　　D. 报错

（8）下列代码的运行结果是（　　　）。

```
grade = 70
level = "pass" if grade>60 else "fail"
print(level)
```

（9）下列代码的运行结果是（　　　）。

```
x = 10
y = 6
z = 4
if (x>y):
    x,y = y,x
if (x>z):
    x,z = z,x
print(x,y,z)
```

A. 10 6 4　　B. 6 10 4　　　　C. 4 6 10　　　　D. 4 10 6

（10）下列代码的运行结果是（　　　）。

```
for i in range(2,5):
    print(i,end=",")
```

（11）下列代码的运行结果是（　　　）。

```
i = 1
sum = 0
while i<=12:
    sum += i
    i += 1
    if i%3 == 0:
        continue
    if i == 10:
        break
print(sum)
```

（12）(1,2,3,5,7,11,13) 的数据类型是（　　　）。

A. list　　　　B. tuple　　　　C. set　　　　　D. dict

（13）下列代码的运行结果是（　　　）。

```
mySeq = [1,2,3]
mySeq*2
```

（14）根据下面表达式，a 的值是（　　　）。

```
myList = "Hello World"
a = myList[3:8]
```

A. llo W　　B. llo Wo　　　C. lo Wo　　　　D. lo Wor

（15）下列代码的执行结果是（　　　）。

```
lst1 = [3,4,5,6,7,8]
lst1.insert(2,3)
print(lst1)
```

A. [3,4,5,3,6,7,8]　　　　　B. [3,4,3,5,6,7,8]
C. [3,4,5,6,7,8,[2,3]]　　　D. [3,4,5,6,7,8,2,3]

（16）下列代码的运行结果是（　　　）。

```
lst1 = ["a","b","c","d"]
lst2 = ["A","B","C","D"]
[i + j for i,j in zip(lst1,lst2)]
```

（17）执行下列 Python 语句，会报错的是（   ）。

```
myTuple = (1,2,3,4)
myList = [1,2,3,4]
```

A. myTuple[3] = 30　　　　B. myList[3] = 30

C. myTuple[1:3]　　　　　D. myList[1:3]

（18）下列代码的运行结果是（   ）。

```
myTuple = tuple("Python")
i1,i2,i3,i4,i5,i6 = myTuple
print(i3)
```

（19）下列代码的运行结果是（   ）。

```
def func(args1,*args2,args3 = 3):
    print(args2)
func("a",1,2,"4")
```

（20）请写出用空格合并字符串 "Jane" 和 "Doe" 的 Python 语句。

（21）下列不是序列的是（   ）。

A. 列表　　　　　　　　B. 元组

C. 集合　　　　　　　　D. 字符串

（22）语句 set("datascience") 的结果是（   ）。

（23）下列代码的运行结果是（   ）。

```
def func(args1,*args2,**args3,):
    print(args3)
func("a",1,x1=2,x2=3)
```

（24）以下导入模块方式正确的是（   ）。

A. import 模块名

B. import 模块名 as 模块的别名

C. from 模块名 import 函数名

D. from 模块名 import 函数名 as 函数的别名

E. from 模块名 import 函数名 A, 函数名 B

（25）请编写代码，分别查询内置模块清单、所有已经导入的模块清单。

（26）下列代码的运行结果是（ ）。

```
type(3)
```

（27）下列代码的运行结果为（ ）。

```
list(range(1,15,3))
```

A. [1, 5, 9, 13]   B. [1, 4, 7, 10, 13]
C. [2, 5, 8, 11, 14]

（28）以下代码有误，导致无法正确运行得出结果，请写出正确的
代码（ ）。

```
def func(j=5,i):
    i+=1
d=func(2,4)
print(d)
```

输出为：

```
(3, 4)
```

（29）利用 for 循环计算 10 的阶乘的代码如下，请利用 lambda 函
数简化代码。

```
fac=1
for i in range(1,11):
    fac*=i
print(fac)
```

第 3 章　Python 语言高级语法

学习指南

【在数据科学中的重要地位】数据分析师不仅需要掌握 Python 语言的基础语法，还需要掌握 Python 语言的一些高级语法，尤其是迭代器、生成器、装饰器、异常处理、文件读写和面向对象编程。本章主要讲解数据分析师必备的 Python 语言高级语法，提升初学者对 Python 语言的编程应用能力。

【主要内容与章节联系】本章主要讲解迭代器、生成器、装饰器、查看帮助和异常处理的方法以及面向对象编程的基础知识和常用技能。读者不但可以提升对 Python 基础知识的理解和运用水平，而且为后续数据分析工作打下良好基础。

【学习目的与收获】通过本章学习，读者可以掌握数据分析和数据科学中常用的迭代器、生成器和装饰器技术以及异常处理方法和面向对象编程知识，提升 Python 编程和数据分析实践操作能力。

【学习建议】

（1）学习重点

- 迭代器、生成器和装饰器的编写方法。
- 查看 Python 帮助的方法。
- 数据文件的读写方法。
- 面向对象编程。

（2）学习难点

- 迭代器、可迭代对象、装饰器、生成器和装饰器的区别与联系。
- 异常处理和程序调试的方法。
- 面向对象编程技术。

3.1　迭代器与可迭代对象

Q&A

（1）为什么 Python 中不显示有些函数的返回值，如 range()？

在 Python 中，"迭代器"和"可迭代对象"是两个既有区别又有联系的概念。

· 109 ·

【答】因为有些函数的返回值是迭代器（Iterator），迭代器在 Python 中应用较为广泛，本书 3.1 节将对迭代器进行系统介绍。

（2）什么是迭代器？

【答】迭代器是可被 next() 函数调用，并不断返回下一个值的对象。Python 内置函数 iter() 可以将"可迭代对象"转换成"迭代器"。

（3）如何遍历迭代器？

【答】内置函数 next() 可以遍历迭代器，也可以用于 for 语句中。

在 Python 中，迭代器和可迭代对象是两个不同的概念。迭代器（iterator）是指可以被内置函数 next() 调用，并不断返回下一个值的对象。可迭代对象（iterable object）是指可以直接作用于循环语句（如 for 语句）的对象，虽然所有的迭代器均为可迭代对象，但是所有的可迭代对象不一定为迭代器。通常，Python 内置函数 iter() 可以将"可迭代对象"转换成"迭代器"。

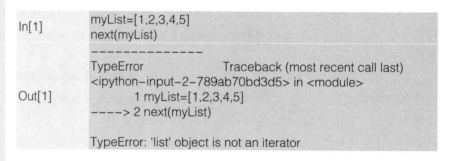

In[1]	myList=[1,2,3,4,5] next(myList)
Out[1]	—————————— TypeError Traceback (most recent call last) <ipython-input-2-789ab70bd3d5> in <module> 1 myList=[1,2,3,4,5] ————> 2 next(myList) TypeError: 'list' object is not an iterator

上述代码运行报错，TypeError: 'list' object is not an iterator。报错原因在于 myList 虽属于"可迭代对象"，但并非迭代器，不支持用内置函数 next() 函数遍历，如图 3-1 所示。

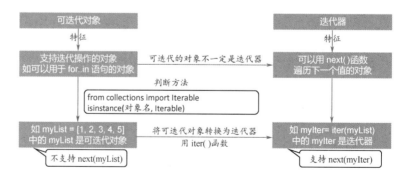

图 3-1　迭代器和可迭代对象的区别

3.1.1 可迭代对象

可迭代对象（iterable object）是以一次返回一个成员的方式访问，并且可以在 for 循环中迭代的 Python 对象。如列表、元组和字符串均为可迭代对象。判断一个对象是否为可迭代对象的方法为综合运用内置函数 ininstance() 和 collections 模块，代码如下：

```
In[2]    from collections import Iterable
         isinstance (myList, Iterable)
```

并非所有可迭代对象均为迭代器。但是，我们可以调用内置函数将 iter() 将所有可迭代对象转换为迭代器。例如，以下代码将可迭代对象 myList 转换为迭代器 myIterator。

```
In[3]    myIterator=iter(myList)
```

3.1.2 迭代器

迭代器是一种可以记住遍历的当前位置的对象，遍历迭代器内容的下一个元素可以通过调用内置函数 next() 来实现。

```
In[4]    myIterator=iter(myList)
         print(next(myIterator))
         print(next(myIterator))
         print(next(myIterator))

Out[4]   1
         2
         3
```

图3-2给出了可迭代对象（iterable object）和迭代器（iterator）的比较。在 Python 中，可迭代对象和迭代器分别用不同的类定义，可迭代对象对应的类为 Iterable，而迭代器对应的类为 Iterator，二者的源代码不同：Iterator 类中定义了 __iter__() 和 __next__() 两个重要方法；Iterable 类中只定义了 __iter()__ 函数，没有定义 __next__() 方法。Iterable 类中的 __iter__() 方法返回的是一个迭代器，而 Iterator 类中的 __iter__() 方法返回的是一个迭代器的实例。

可迭代对象是支持迭代操作的对象，如可用于 for..in 语句中的关键字 in 之后的对象。

可迭代对象 myList 不支持 next 函数，如 next(myList) 会报错。

所有迭代器一定是可迭代对象，但有些可迭代对象并非迭代器，如本例中的列表 myList。

由图3-2可知，Iterator 类和 Iterable 类中的 __iter__() 方法虽然名称一致，但返回值不同。

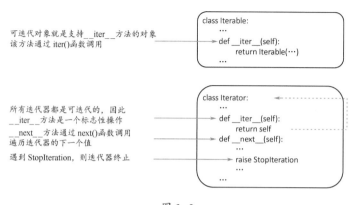

可迭代对象就是支持 __iter__ 方法的对象
该方法通过 iter() 函数调用

```
class Iterable:
    ...
    def __iter__(self):
        return Iterable(···)
    ...
```

所有迭代器都是可迭代的，因此
__iter__ 方法是一个标志性操作
__next__ 方法通过 next() 函数调用
遍历迭代器的下一个值

遇到 StopIteration，则迭代器终止

```
class Iterator:
    ...
    def __iter__(self):
        return self
    def __next__(self):
        ...
        raise StopIteration
    ...
```

图 3-2

3.2　生成器与装饰器

Q&A

（1）什么是生成器？

【答】生成器是指生成一个新的迭代器的函数，其语法特点是该函数不用 return 语句，而用 yield 语句。此外，生成器不是立刻计算，而是惰性计算。

（2）如何定义生成器？

【答】与普通函数定义类似，但需要将 return 改为 yield。

Python 的多数迭代器是通过生成器来"生成"的，因此学习生成器对于进步理解迭代器具有一定的意义。此外，考虑到初学者容易混淆生成器和装饰器的概念，本节主要讲解这两种方法。

3.2.1　生成器

生成器（generator）是指生成一个新的迭代器的函数，与普通函数的区别如下（如表 3-1 所示）：

① 不用 return 语句，而用 yield 语句。

② 不是"立刻计算"，而是"惰性计算"——在调用生成器时，不会立刻执行它，而是推迟至需要调用其中的每个元素时才运行。

③ 普通函数的调用结束后将立即释放其内存空间。但是，生成器函数的调用结束后，并非立即释放其内存空间。

与 return 语句不同，yield 语句运行完函数后不是立即释放其存储空间，并支持惰性计算。

普通函数用 return 语句返回值，而生成器用 yeild 语句返回值。

惰性计算技术是大数据分析和数据科学项目中常用的技术之一，也是 Spark 的关键技术之一。

表 3-1 return 语句与 yield 语句的区别

return 语句	yield 语句
1. 用于普通函数 2. 只返回一个值 3. 将值发送给调用者，跳出函数且破坏局部变量 4. 停止执行并将值返回给调用者，退出函数 5. 只运行一次 6. 不能执行在返回语句后编写的代码 7. 调用函数或只从开始运行函数 8. 在普通函数中，每个函数只能有一个 return 语句，循环或函数中不能有多个 return 语句 9. 用于返回普通函数返回值，与其他语句类似 10. 通常执行整个函数，并通过将值返回给调用者来退出函数。不能挂起或在执行后继续	1. 用于生成器函数 2. 返回一系列值 3. 将值发送给调用者，而不破坏局部变量 4. 暂停执行，将值返回给调用者后再次执行 5. 可运行多次 6. 任何 yield 语句后编写的代码都能使用 next() 函数执行 7. 可以在函数暂停时最后停止它的地方执行 8. 在使用 yield 的函数中，可以有多个 yield 语句，甚至一个 yield 语句也可以返回值 9. 用于开发产生一系列结果的迭代器，生成结果的过程可以动态暂停和恢复 10. 函数暂停和返回一个值后的恢复只能通过 yield 语句完成

```
In[1]        def myGen():
                 x=range(1,11)
                 for i in x:
                     yield  i+2
```

由表 3-1 可知，生成器的主要特征是不会被立即返回结果，原因在于生成器遵循的是"惰性计算"模式。

```
In[2]        myGen()
Out[2]       <generator object myGen at 0x0000029C801734C0>
```

输出结果为 <generator object myGen at 0x000002442F11A8E0>，而不是具体返回值。

生成器的特点只有其中的元素被调用时才会被执行。

```
In[3]        for x in myGen():
                 print(x,end=",")
Out[3]       3,4,5,6,7,8,9,10,11,12,
```

可以用"print()+*+ 生成器"直接显示生成器内容，如 print(*myGen())。

3.2.2 装饰器

装饰器（decorator）用于在不修改原函数的前提下为原函数增加额

很多初学者会混清生成器和装饰器的概念，其实这两个概念没有任何直接联系。

· 113 ·

外的功能，即对原函数进行包装，本质上是一个以函数为参数的高阶函数，返回被包装的函数对象。

例如，在函数调用时自动打印日志，可以在原函数中添加打印日志的功能。

| In[4] | ```python
def say_hello1():
    print("call %s():" %say_hello1.__name__)
    print("hello1!")

def say_hello2():
    print("call %s():" %say_hello2.__name__)
    print("hello2!")

say_hello1()
say_hello2()
``` |
| --- | --- |
| Out[4] | ```
call say_hello1():
hello1!
call say_hello2():
hello2!
``` |

上述方式实现了函数日志的打印功能，但如果需要为大量函数增加某一相同功能，那么需要为每个函数逐一添加，会出现大量代码重复，同时效率低下。这时，我们可以定义一个能打印日志的装饰器，在定义函数时进行调用即可。

装饰器可以抽离大量与函数功能本身无关的雷同代码并重复使用，实现代码的简洁高效。把 @decorator 放在函数定义前即实现了装饰器的调用。

| In[5] | ```python
def decorator(func):
    def wrapper(*args, **kw):
        print("call %s():" %func.__name__)
        return func(*args, **kw)
    return wrapper

@decorator
def say_hello1():
    print("hello1!")

@decorator
def say_hello2():
    print("hello2!")

say_hello1()
say_hello2()
``` |
| --- | --- |
```

| Out[5] | ```
call say_hello1():
hello1!
call say_hello2():
hello2!
``` |

上述装饰器是无参数装饰器，而装饰器的本质是一个函数，如果这个函数本身需要传入参数，如自定义打印日志的文本或添加其他信息，就需要写一个返回装饰器的高阶函数，即带参数的装饰器。

| In[6] | ```
def log(text):
    def decorator(func):
        def wrapper(*args, **kw):
            print("%s %s():" %(text,func.__name__))
            return func(*args, **kw)
        return wrapper
    return decorator

@log("at this time, we call")
def say_hello():
    print("hello!")

say_hello()
``` |
| Out[6] | ```
at this time, we call say_hello():
hello!
``` |

Python 有 3 个内置装饰器：staticmethod、classmethod 和 property。

① staticmethod：把类中的方法定义为静态方法，可以使用类或者类的实例对象来调用，不需要传入 self。

② classmethod：把类中的方法定义为类方法，可以使用类或者类的实例对象来调用，并将该 class 对象隐式的作为第一个参数传入。

③ property：把方法变成属性。

3.3　查阅帮助

Q&A

Python 中如何查看帮助信息？

【答】

可以采用多种方法，如：

① 最基本的方法即用内置函数 help()，如 help(len)。

② 在 Jupyter Notebook 中查看 docString，可用操作符"?"查看函数和类的 docString，如 len?（或 ?len）。

help 函数返回值为 docString。

docstring 是指在函数、类和模块中用三个单引号或三个双引号括起来的帮助信息。
```

③ 在 Jupyter Notebook 中查看源代码，用操作符"??"，如 len?? 或 ??len，前提是对应函数、类、模块是用 Python 写的，如果是用其他语言写的，"??"的功能等价于"?"。

④ 看简单描述，如 docstring，用内置属性 .__doc__，如 len.__doc__。

⑤ 查看某对象所支持的属性和方法清单（列表），用内置函数 dir()，如 dir(len)。Jupyter Notebook 用".+Tab"形式让系统自动提示可以用的属性和方法名。

⑥ 查看某个包的更详细的帮助文档，建议查看该包的官网。

3.3.1　help 函数

在 Python 中，查看帮助的最基本、最通用方法是用内置函数 help()。

In[1]	help(len)
	Help on built-in function len in module builtins:
Out[1]	
	len(obj, /)
	Return the number of items in a container.

3.3.2　docString

其实，查看帮助时人们常用的"?"与 help() 函数是不同的，前者是 Jupyter Notebook/iPython 的语法，后者为 Python 语言的语法。

Jupyter Notebook 等以 iPython 为内核的编辑器中查看帮助的特殊方法——用"?"。

In[2]	len?
	#Signature: len(obj, /)
Out[2]	#Docstring: Return the number of items in a container.
	#Type:　　builtin_function_or_method

iPython（或以 iPython 为内核的 Jupyter Notebook/Lab 等）系统显示的帮助信息如上所示。需要提醒的是，此方法是 iPython 提供的功能，不是 Python 语言中的语法。

再如，系统显示的帮助信息如下：

查看帮助时，"?"可以放在最前面，也可以放在最后，如 ?myList1.append 或 myList1.append? 均可以。

In[3]	myList1=[1,2,3,4]
	myList1.append?
	Signature: myList1.append(object, /)
Out[3]	Docstring: Append object to the end of the list.
	Type:　　builtin_function_or_method

docstring 查阅的帮助文档为目标程序中用三个双引号括起来的多行说明性文字。例如，iPython（或基于 iPython 的 Jupyter Notebook/Lab 等）系统显示的帮助信息如下。

In[4]	def testDocString():
	    """ 此处为 docString，即用 "?" 能查看得到的帮助信息 """
	    return(1)
	
	testDocString?

Out[4]	#Signature: testDocString() #Docstring: # 此处为 docString， # 即用 "?" 能查看得到的帮助信息 #File: c:\users\soloman\clm\\<ipython-input-4-742d4bf944c4> #Type: function

iPython（或基于 iPython 的 Jupyter Notebook/Lab 等）系统显示的帮助信息与 In[4] 一致。

In[5]	?testDocString

3.3.3　查看源代码

查看源代码的方法——用 "??"。系统显示的帮助信息与 In[4] 一致。

前提：目标对象是用 Python 编写的，否则无法查看源代码，"??" 的功能变得与 "?" 一样。

In[6]	testDocString??

Out[6]	def testDocString():
	    """ 此处为 docString，即用 "?" 能查看得到的帮助信息 """
	    return(1)
	
	testDocString?

查看内置函数 len() 的帮助信息，iPython（或基于 iPython 的 Jupyter Notebook/Lab 等）系统显示的帮助信息如下。

In[7]	len?
Out[7]	#Signature: len(obj, /) #Docstring: Return the number of items in a container. #Type: builtin_function_or_method

"len??" 与 "len?" 的输出结果一样，因为内置函数 len() 不是用 Python 语言编写的。

In[8]	len??

Out[8]	#Signature: len(obj, /) #Docstring: Return the number of items in a container. #Type: builtin_function_or_method

3.3.4 doc 属性

这种以两个下画线开始并两个下画线结束的属性或方法称为 Dunder 属性或方法。

__doc__ 属性的前后各有两个下画线，是 Python 面向对象编程方法中为每个类自动增加的默认属性。

In[9]	testDocString.__doc__
Out[9]	'此处为 docString，\n 即用"?"能查看得到的帮助信息'

In[10]	len.__doc__
Out[10]	'Return the number of items in a container.'

3.3.5 dir() 函数

Python 采用"鸭子类型编程（Duck Typing）"技术。"鸭子类型编程"技术是指不管是否为真的鸭子（即所属 dass），只要看起来像鸭子（即支持哪些属性）、走起路、叫起来像鸭子（即支持哪些方法），就认为它是"鸭子"。

查看某个对象所支持的方法 / 属性清单——内置函数 dir()。

可以用 dir() 函数查阅某个对象（鸭子）所支持的属性（特征）和方法（行为）。

In[11]	dir(print)
Out[11]	['__call__', '__class__', '__delattr__', '__dir__', '__doc__', '__eq__', '__format__', '__ge__', '__getattribute__', '__gt__', '__hash__', '__init__', '__le__', '__lt__', '__module__', '__name__', '__ne__', '__new__', '__qualname__', '__reduce__', '__reduce_ex__', '__repr__', '__self__', '__setattr__', '__sizeof__',

```
'__str__',
'__subclasshook__',
'__text_signature__']
```

3.3.6　其他方法

与 Ecipse、MyEclipse、Visual Studio 类似，程序员可以在 Jupyter Notebook 中用 Tab 或通配符"*"的方法进行自动提示和自动填充。例如，Jupyter Notebook/Lab 显示的自动提示信息如下。

In[12]
```
myList1.c*?
#myList1.clear
#myList1.copy
#myList1.count
```

Jupyter Notebook 的自动提示功能并不强大。但是 Jupyter Notebook 是一种可扩展性很强的工具，可以通过第三方扩展插件（如 Hinterland，TabNine 等）增加更强大的自动提示功能。

3.4　异常处理、断言与程序调试

Q&A

（1）iPython 中如何更改异常信息的显示方式？

【答】用魔术命令"%xmode"。

（2）Python 异常处理的模板是什么？

【答】

```
try:
    可能发生异常的语句
except Ex1:
    发生异常 Ex1 时要执行的语句
except（Ex2,Ex3）:
    发生异常 Ex2 或 Ex3 时要执行的语句
except:
    发生其他异常时要执行的语句
else:
    无异常时要执行的语句
finally:
    不管是否发生异常，都要执行的语句
```

如文件、数据库、图形句柄资源的释放

（3）Python 中有哪些常见的异常或错误？

【答】

Exception　　　　　　　　　　常规错误的基类

异常是错误的一种，通常指运行时的错误。

AttributeError	对象没有这个属性
EOFError	没有内建输人，到达 EOF 标记
IOError	输入 / 输出操作失败
ImportError	导人模块 / 对象失败
IndexError	序列中没有此索引（index)
KeyError	映射中没有这个键
MemoryError	内存溢出错误
NameError	未声明 / 初始化对象（没有属性）
Not ImplementedError	尚未实现的方法
SyntaxError Python	语法错误
IndentationError	缩进错误
TypeError	对类型有误
ValueError	传入无效的参数
Warning	警告的基类
Swnt axwarning	可疑的语法警告

（4）如何调试程序？

【答】可用 Python Debugger（Python 调试器，PDB）。在 Jupyter Notebook 中，通过魔术命令 "%debug" 打开 Python Debugger，前提是生成一个 Traceback 后。Traceback 只要有错误提示就自动生成。

（5）在 Jupyter Notebook 中，如何设置 "报错信息" 的显示方式？

【答】通过魔术命令 "%xmode" 设置，有 3 种方式：%xmode Context、%xmode Verbose、%xmode Plain。默认情况下，报错信息的显示方式为 Context。

（6）Python 中有哪些经常出现的错误（Erorr）？

【答】部分常见的错误如下：

NameError：未定义 / 未导入或拼写错误。

TypeError：数据类型或参数个数不符合运算符或函数的要求。

SyntaxError:invalid character in identifier：误输入中文字符或标点。

AttributeError：无此属性或属性名有误。

…not support 类：不支持此类运算。

（7）Python 中如何设置断言（Assert）？

【答】用 assert 语句，如 x=0，assert x != 0，"x 不能作为分母"。

因人而异，建议汇总和分析自己经常遇到的错误及其修改方法。

3.4.1 try/except/finally

在程序语言中，异常（Exception）是指在执行时检测到的错误（Error），即那些在语法上是正确的语句或表达式在尝试执行时仍可能引发的错误。异常处理是保证程序运行和数据分析的鲁棒性的重要手段。与 Java 和 C 语言类似，在 Python 中异常处理也采用 try 语句，但是语法结构较为特殊，如图 3-3 所示。

Python 将异常当作错误的一种来处理。

与 C 和 Java 语言不同，Python 的异常处理中还可以加 else 语句——不发生任何异常时运行的语句。finally 与 else 有区别。

除了 try 语句，Python 的 with 语句也支持异常处理和句柄资源的释放。

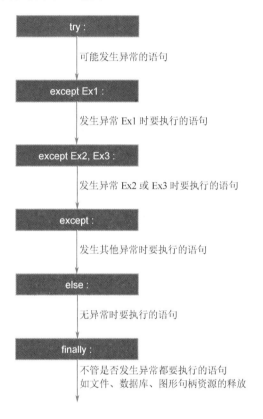

图 3-3 Python 异常处理语法模板

Python 的异常处理可以包括：try 语句（部分）、except 语句、else 语句和 finally 语句。try 语句为必选部分；except、else 和 finally 语句为可选部分，但至少出现其中的一个；except 语句可以多次出现；finally 部分的含义为不管有没有异常都会运行的语句。可见，Python 中的异常处理除了进行异常处理，还可以进行句柄资源的释放。例如，以下代码中的 finally 部分释放了自定义文件句柄 f。

Jupyter Notebook 的魔术命令 %xmode 可以设置具体的异常或错误提示信息的显示模式。

| In[1] | ```python
try:
    f=open('myfile.txt','w')
    while True:
        x=input(" 请输入一个整数，若需要停止运行请输入字母‘Q’")
        if x.upper()=='Q':break
        y=100/int(x)
        f.write(str(y)+'\n')
except ZeroDivisionError:
    print(" 抛出 ZeroDivisionError")

except ValueError:
    print(" 抛出 ValueError:")

finally:
    f.close()
``` |
|---|---|
| Out[1] | 请输入一个整数，若需要停止运行请输入字母‘Q’0
抛出 ZeroDivisionError |

在运行 In[1] 后，输入 0 时报错，错误提示为"抛出 ZeroDivisionError"。

3.4.2　异常 / 错误信息的显示模式

在 Jupyter Notebook 中，异常提示信息或错误提示信息的显示模式有三种，即 Context（默认值）、Plain 和 Verbose。

Plain 模式如下：

| In[2] | ```python
%xmode Plain
x=1
x1
``` |
|---|---|
| Out[2] | Exception reporting mode: Plain
Traceback (most recent call last):

  File "<ipython-input-3-6067cb69f3f6>", line 3, in <module>
    x1

NameError: name 'x1' is not defined |

Verbose 模式如下：

| In[3] | ```python
%xmode Verbose
x=1
x1
``` |
|---|---|
| | Exception reporting mode: Verbose

------------------------------------ |
```

```
          NameError                          Traceback (most recent call
          last)
          <ipython-input-4-9ace4a24824c> in <module>()
                  1 get_ipython().magic('xmode Verbose')
Out[3]          2 x=1
          ----> 3 x1
                  global x1 = undefined

          NameError: name 'x1' is not defined
```

Context 模式如下：

```
          %xmode Context
In[4]     x=1
          x1
          Exception reporting mode: Context
          ---------------------------------------------
          ---------------------------------
          NameError                          Traceback (most recent call
          last)
Out[4]    <ipython-input-5-5d9d36673da7> in <module>()
                  1 get_ipython().magic('xmode Context')
                  2 x=1
          ----> 3 x1

          NameError: name 'x1' is not defined
```

Python 定义了很多异常（Exceptions）和错误（Errors）类，参见 Python 官网，如 https://docs.python.org/2/tutorial/errors. html。

3.4.3　断言与检查点的设置

在数据分析和数据科学中，断言（Assertion）主要用于"设置检查点（Check Points）"。在 Python 中，设置断言的语法结构如图 3-4 所示。其中，Python 关键字 assert 后的"条件表达式"为检查条件，当此条件为不成立（False）时，抛出或显示对应的"断言内容"，即 AssertionError 类错误，并显示在"[,arguments]"部分中设置的断言内容。

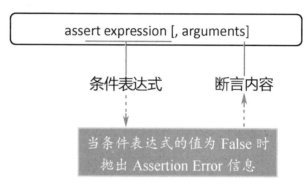

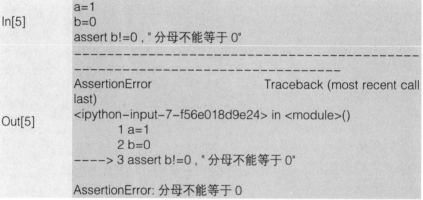

图 3-4　断言的设置方法

当断言中的条件表达式的取值为 False 时，抛出或显示对应的断言内容，如以下代码的运行结果为显示"AssertionError: 分母不能等于 0"。

In[5]	a=1 b=0 assert b!=0 , " 分母不能等于 0" -- --
Out[5]	AssertionError Traceback (most recent call last) <ipython-input-7-f56e018d9e24> in <module>() 　　　1 a=1 　　　2 b=0 ----> 3 assert b!=0 , " 分母不能等于 0" AssertionError: 分母不能等于 0

但是，当断言中的条件表达式的取值为 True 时，并不抛出或显示对应的断言内容。如以下代码的运行不显示任何信息。

In[6]	a=1 b=2 assert b!=0 , " 分母不能等于 0"

3.4.4　调试程序的基本方法

当 Python 抛出异常或错误信息后，可以用 PDB 进行程序调试。常用的程序调试操作有 3 种：检查变量的当前值、逐行运行程序代码和显示运行时的代码。在 Python 中，调试程序有三个要点：

① 导入 pdb 包，Python 代码为 import pdb。

② 设置断点（break points），Python 中最常用的代码为 pdb.set_trace()。

③ 在 PDB 中输入调试命令参数。常用调试命令参数包括：

- h(elp) [command]：不带参数时，显示可用的命令列表。参数为 command 时，打印有关该命令的帮助。
- p expression：在当前上下文中运行 expression 并打印它的值。
- n(ext)：继续运行，直到运行到当前函数的下一行，或当前函数返回为止。
- s(tep)：运行当前行，在第一个可以停止的位置（在被调用的函数内部或在当前函数的下一行）停下。
- q(uit)：退出调试器，被执行的程序将被中止。
- b(reak) [([filename:]lineno | function) [, condition]]：若带 lineno 参数，则在当前文件相应行处设置一个断点。若带 function 参数，则在该函数的第一条可执行语句处设置一个断点。行号可以加上文件名和冒号作为前缀，以在另一个文件（可能是尚未加载的文件）中设置一个断点。另一个文件将在 sys.path 范围内搜索。如果第二个参数存在，它应该是一个表达式，且它的计算值为 true 时断点才起作用。若不带参数执行，则将列出所有中断，包括每个断点、命中该断点的次数、当前的忽略次数以及关联的条件。
- c(ont(inue))：继续运行，仅在遇到断点时停止。
- cl(ear) [filename:lineno | bpnumber …]：若参数是 filename:lineno，则清除此行上的所有断点；若参数是空格分隔的断点编号列表，则清除这些断点；若不带参数，则清除所有断点（但会先提示确认）。

In[7]
```
#https://docs.python.org/zh-cn/3/library/pdb.html

import pdb
def myFunc(x,y):
    x=x+2
    y=y*2
    z=x+y
    return z
x=1
y=2
z=3
s1=4
s2=5
```

除了常用的 pdb.set_trace() 函数，PDB 还提供了 pdb.run()、pdb.runcall() 和 pdb.runeval() 等函数，建议读者查阅官网 https://docs.python.org/3.3/library/pdb.html。

更多命令参数可以用 h(elp) 命令或参见官网 https://docs.python.org/zh-cn/3/library/pdb.html

next 与 step 的区别在于，step 进入被调用函数内部并停止，而 next 运行被调用函数，仅在当前函数的下一行停止。

每个断点都分配有一个编号，其他所有断点命令都引用该编号。

```
pdb.set_trace()
s1=myFunc(11,12)
print("x=",x, "y=",y)

s2=myFunc(21,22)
print("s2=", s2)
```
```
--Return--
> <ipython-input-1-8da068caca4d>(15)<module>()->None
-> pdb.set_trace()
(Pdb) h

Documented commands (type help <topic>):
========================================
EOF   c    d      h      list   q     rv        undisplay
a     cl   debug  help   ll     quit  s         unt
alias clear disable ignore longlist r  source   until
args  commands display interact n    restart step  up
b     condition down  j     next   return tbreak w
break cont  enable jump   p     retval u     whatis
bt    continue exit  l     pp    run   unalias where

Miscellaneous help topics:
==========================
exec  pdb

(Pdb) h p
p expression
    Print the value of the expression.
(Pdb) p x
1
(Pdb) b 10
Breakpoint 1 at <ipython-input-1-8da068caca4d>:10
(Pdb) x
1
(Pdb) s1
4
(Pdb) break 11
Breakpoint 2 at <ipython-input-1-8da068caca4d>:11
(Pdb) b
Num Type      Disp Enb  Where
1   breakpoint   keep yes   at <ipython-input-1-
8da068caca4d>:10
2   breakpoint   keep yes   at <ipython-input-1-
8da068caca4d>:11
```

Out[7]

3.5 数据文件的读写

Q&A

（1）什么是"变量搜索路径？

【答】Python 解释器将"搜索"用户定义变量的"路径"，即当用户调用一个变量名（如 i）时，解释器到搜索路径上搜索该变量，如果能找到，那么说明该变量（如 i）已经定义，否则报 Name Error 类错误。当用户定义一个新变量时，Python 解释器将其放在"搜索路径"上。

（2）如何查看变量搜索路径？

【答】通过 dir() 函数，在 dir() 函数中不写任何参数时，系统返回的是搜索路径上定义的所有变量名。

（3）如何将一个变量从变量搜索路经中删除？

【答】用 del 语句，如 del i，删除变量后，再调用变量名，则报错 NameError。

（4）什么是"模块搜索路经"？

【答】Python 解释器中"搜索"用户所需模块的"路径"，即当用户 import 一个模块时，解释器到搜索路径上搜索对应模块的源代码，如果找不到，则报错 ModuleNotFoundError

（5）如何查看模块搜索路径并修改它？

【答】用 import sys 导入 sys 模块；添加一个新路径至模块搜索路径用 sys.path.append（新路径）；从模块搜索路径中删除一个路径用 sys.path.remove（路径）。

（6）什么是"当前工作目录"？

【答】指 Python 中文件和文件夹的默认读写路径，即当用户读取一个文件名（如 bc_data.csv）时，解释器将到"当前工作目录"上查找该文件，如果找不到，那么报 File Not Found Error 错。当 Python 中写出一个文件时，写出默认路径为当前工作目录。例如：

```
from pandas import read _csv
data = read_csv("be_data.csv')
```

（7）如何查看当前工作目录？

【答】用 as 模块中的 getcwd() 函数。

```
import os
os.getcwd()
```

Python 的 变 量定义是通过赋值语句实现的。

还可用 Jupyter Notebok 的模式命令%whos或%who。

Python 的 搜 索路径分为变量搜索路径和模块搜索路径。

导入模块 sys 的代码为：
import sys

（8）如何修改当前工作目录？

【答】用 os 模块中的 chdir() 函数。

```
import os
os.chdir()
```

3.5.1 搜索路径

Python 中常用的搜索路径有两种：变量搜索路径和模块搜索路径。前者代表的是已定义变量（包括用户自定义和 Python 解释器或 Jupyter Notebook 自带的变量）的列表（清单）；后者为 Python 解释器中访问 Python 模块的默认路径列表（清单）。

（1）变量搜索路径

通常，用 Python 内置函数 dir() 查看"变量搜索路径"中已存在的所有变量名称。

In[1]	dir()
Out[1]	['In', 'Out', '_', ... 'quit']

通过"用赋值语句形式定义一个新变量"的方式将某个变量放入变量搜索路径，如：

In[2]	vi=1

运行上一行代码之后，再次显示搜索路径即可看到刚定义的新变量"vi"是否已出现在搜索路径之中。

In[3]	dir()
Out[3]	['In', 'Out', '_' ... 'quit', 'vi']

可以用 del 语句将某个变量从搜索路径中删除。以从搜索路径删除变量 vi 为例：

In[4]	del vi

若再次调用 vi，则 Python 解释器报 NameError 类错误，因为此时变量 vi 已从搜索路径中删除。

在数据分析和数据科学项目中，变量名未定义错误（NameError 类错误）出现的原因是"搜索路径中找不到它"。

```
In[5]        vi
             --------------------------------------------
             --------------------------------
             NameError                    Traceback (most recent call
             last)
Out[5]       <ipython-input-5-c5bfa1c921c4> in <module>()
             ----> 1 vi

             NameError: name 'vi' is not defined
```

（2）模块搜索路径

通常，模块搜索路径的查看方法为调用 sys 模块中提供的属性 path，如下所示：

还可以通过在 Anaconda Prompt 中采用输入命令 python-m site 方式查看模块搜索路径。

```
In[6]        import sys
             sys.path
             ['',
             'C:\\Anaconda\\python36.zip',
             'C:\\Anaconda\\DLLs',
             'C:\\Anaconda\\lib',
             'C:\\Anaconda',
Out[6]       'C:\\Anaconda\\lib\\site-packages',
             'C:\\Anaconda\\lib\\site-packages\\win32',
             'C:\\Anaconda\\lib\\site-packages\\win32\\lib',
             'C:\\Anaconda\\lib\\site-packages\\Pythonwin',
             'C:\\Anaconda\\lib\\site-packages\\IPython\\extensions',
             'C:\\Users\\soloman\\.ipython']
```

在 Python 中，增加一个新路径至模块搜索路径的方法为：sys.path.append()。

路径 'H:\\Python\\Anaconda' 为示例路径，读者可以根据自己需要进行设置。

```
In[7]        import sys
             sys.path.append('H:\\Python\\Anaconda')
```

当再次显示模块搜索路径时，在 In[7] 中新增的路径已出现在模块搜索路径中，输出如下所示。

```
In[8]        sys.path
             ['',
             'C:\\Anaconda\\python36.zip',
             'C:\\Anaconda\\DLLs',
             'C:\\Anaconda\\lib',
Out[8]       'C:\\Anaconda',
             'C:\\Anaconda\\lib\\site-packages',
```

已添加新的搜索路径'H:\\Python\\Anaconda'。

sys.path 的输出结果因不同计算机而不同。

路径'H:\\Python\\Anaconda' 为示例路径，读者可以根据自己需要进行设置。

```
'C:\\Anaconda\\lib\\site-packages\\win32',
'C:\\Anaconda\\lib\\site-packages\\win32\\lib',
'C:\\Anaconda\\lib\\site-packages\\Pythonwin',
'C:\\Anaconda\\lib\\site-packages\\IPython\\extensions',
'C:\\Users\\soloman\\.ipython',
'H:\\Python\\Anaconda']
```

可以调用 sys 包的 remove() 方法，从模块搜索路径中删除一个路径，其核心代码为 sys.path.remove()，具体应用如下：

In[9]	sys.path.remove('H:\\Python\\Anaconda')

当再次显示模块搜索路径时，在 In[9] 中已删除的路径已不再显示在模块搜索路径中，如下所示：

In[10]	sys.path
	`['',`
	`'C:\\Anaconda\\python36.zip',`
	`'C:\\Anaconda\\DLLs',`
	`'C:\\Anaconda\\lib',`
	`'C:\\Anaconda',`
Out[10]	`'C:\\Anaconda\\lib\\site-packages',`
	`'C:\\Anaconda\\lib\\site-packages\\win32',`
	`'C:\\Anaconda\\lib\\site-packages\\win32\\lib',`
	`'C:\\Anaconda\\lib\\site-packages\\Pythonwin',`
	`'C:\\Anaconda\\lib\\site-packages\\IPython\\extensions',`
	`'C:\\Users\\soloman\\.ipython']`

3.5.2 当前工作目录

索路径：指变量或模块的定义和查找路径。
当前工作目录：指文件或文件夹的直接读写路径。

Python 读写文件中可以写绝对路径，但考虑到程序代码的可移植性和维护方便，建议不要用绝对路径，而用相对路径。

"当前工作目录"就是 Python（准确地说，Python 解释器和 Jupyter Notebook 等 Python 编辑器）中读写文件和文件夹的默认路径，即文件或文件夹的相对路径的起始位置。例如，读取外部文件 bc_data.csv 应先把该文件放在"当前工作目录"中。

（1）显示当前工作目录

可以用模块 os 的 getcwd() 方法查看当前工作目录。

In[11]	import os print(os.getcwd())
Out[11]	C:\Users\soloman\clm

（2）更改当前工作目录

可以用 Python 模块 os 中的函数 chdir() 实现更改当前工作目录的目

的。注意，在 chdir() 函数中指定当前工作路径的前提是"已创建了即将用作当前工作目录的文件夹"，如 E:\ PythonProjects。

最后，依次调用函数 os.chdir() 和 os.getcwd() 更改并显示更改后的新工作目录，具体代码如下：

In[12]	`os.chdir('E:\PythonProjects')` `print(os.getcwd())`
Out[12]	E:\PythonProjects

3.5.3 文件读写方法

Python 中提供了很多种数据文件的读写方法，如用内置函数 open() 或第三方扩展包 Pandas 的 read_csv()、read_excel() 等。

例如，将当前工作目录下的文件 bc_data.csv 读入本地数据框 data。

在 Python 数据分析中，一般不用 Python 的 open()、input() 等内置函数来打开文件，而是用第三方包提供的函数，常用的是 Pandas 中的 read_ 系列函数和 to_ 系列函数。

可以从本书提供的配套资源中找到数据文件 bc_data.csv。

In[13]	`from pandas import read_csv`
	`data = read_csv('bc_data.csv')`
	`data.head(5)`

	id	diagnosis	radius_mean	texture_mean	perimeter_mean	area_mean	smoothness_mean
0	842302	M	17.99	10.38	122.80	1001.0	0.11840
1	842517	M	20.57	17.77	132.90	1326.0	0.08474
2	84300903	M	19.69	21.25	130.00	1203.0	0.10960
3	84348301	M	11.42	20.38	77.58	386.1	0.14250
4	84358402	M	20.29	14.34	135.10	1297.0	0.10030

Out[13] 的表格下方：

5 rows × 32 columns

3.6 面向对象编程

Q&A

（1）在 Python 中，如何定义"类"？

【答】用关键词 class，如：

```
Class Person:
    country = 'China'
    __sex = "M"
    def __init__(self, name, age):
    def say_hello(self):
    ...
```

（2）Python 面向对象编程中有哪些特殊函数？

【答】

析构函数：__del__()。

构造函数：__new__()。

初始化函数：__init__()。

类方法：@classmethod。

静态方法：@staticmethod。

（3）在类中如何定义属性或方法的可见性？

【答】

private 属性或方法：命名以两个下画线开始。

protected 属性或方法：命名以一个下画线开始。

（4）如何定义类之间的继承关系？

【答】在定义一个新类时，类名后的括号中给出其父类的名称，如 class Teacher(Person)，Teacher 类继承了 Person 类。

（5）如何通过类定义一个对象？

【答】对象名—类名 (初始化值)，如 p1 = Person('Tom', 20)。

（6）如何访问类中的属性和方法？

【答】

普通属性和方法：通过对象名。

静态方法和类方法：直接通过类名。

构造函数、析构函数、初始化函数：解释器自动调用。

3.6.1　类的定义方法

Python 面向对象编程的基本思路与 C++、C# 和 Java 是一致的——遵循面向对象思想，因此本书不介绍面向对象思想本身，主要讲解 Python 的特殊之处。

在 Python 中，定义一个类主要用"关键字 class + 类名 +:+ 缩进"方式实现。

面向对象编程的三大基本特征是封装、继承和多态。

Python 属性和方法的可见性的定义方法与 C++、C# 和 Java 的不同，属性 / 方法名中分别以一个下画线和两个下画线为开始来区分受保护类型（protected）和私有类型（private）。

将 nationality（国籍）定义为 public 属性。

Python 受保护属性名以一个下画线开始，此处，将 deposit（存款金额）定义为 protected 属性。

Python 私有属性名以两个下画线开始，此处，将 gender 定义为 private 属性。

self.name 为实例属性。

赋值符号左边和右边的 age 是不同的，分别为新定义的局部变量和形式参数。

In[1]
```
class Person:
    nationality = 'China'
    _deposit=10e10
    __gender="M"

    def __init__(self, name, age):
        self.name = name
        age = age
```

```
        def say_hi(self):
            print(self.name)


p1 = Person('Tom', 30)
p1.say_hi()
```
Out[1]   Tom

当运行代码 Person('Tom', 30) 时，Python 解释器主要做了两件事：新建（new）一个新对象，并对此进行初始化（init）后得到一个实例（p1）。

在 Python 面向对象编程中，常用的三个重要函数如下。

* _ _ init_ _()：初始化函数。
* _ _ new_ _()：构造函数。
* _ _del_ _()：析构函数。

这三个函数的函数名的前后各有两个下画线，即 dunder（double underline，双下画线）类函数名。

3.6.2　类中的特殊方法

除了 _ _init_ _()、_ _new_ _() 和 _ _del_ _()，Python 中的常用方法可以分为 3 类：实例方法、类方法和静态方法。

（1）实例方法

其定义语法与一般函数的定义语法类似，区别在于形参，即此类方法的形式参数中有指向实例的引用（指针）——self。实例方法的第一个参数必须为位置参数 self，否则提示：TypeError: ***() 函数的 positional arguments "错误"；实例方法可以通过"实例名 . 函数名"的形式访问。

self 的含义：当前实例的一个引用或指针。

例如，以下代码段中定义的函数 say_hi() 为实例方法，其调用需要通过实例名称 p1 来调用，即 p1.say_hi()。

（2）类方法的定义方法

用装饰器 @classmethod 修饰的函数为类方法，"类方法"的调用既可通过类名，也可以通过实例名。例如，以下代码段中定义的函数 class_func() 为类方法，可以用类名（如 Person.class_func() 等）也可以用实例名（如 p1.class_func() 等）调用它。

（3）静态方法

用装饰器 @ staticmethod 修饰的函数为静态方法，静态方法的调用既可通过类名，也可以通过实例名。例如，以下代码段中定义的函数 static_func() 为静态方法，可以用类名（如 Person. static_func () 等）也可以用实例名（如 p1. static_func () 等）调用它。类方法和静态方法的区别在于形式参数，类方法的形式参数中必有指向类的引用（或指

在类方法的定义中，第一个参数必须为"类的引用 cls"，即可以通过类名调用该函数。

在该函数的定义前加一行代码：@classmethod

在该函数的定义前加一行代码：@ staticmethod

针）——cls；而静态方法的形参中没有 cls 或 self，甚至可以不含任何参数通常。通常，没有任何参数的函数一般定义为"静态方法"。

In[2]

```
class Person:
    """
    此处为类 Person 的 docString
    """
    nationality = 'China'
    _deposit=10e10
    __gender="M"


    def __init__(self, name, age):
        age = age        #age 为函数 __init__（）中的局部变量
        self.name = name   # 与 age 不同的是，self.name 为实例属性

    def say_hi(self):
        print(self.name)

    @classmethod
    def class_func(cls):
        cls.nationality = 'CHINA'
        print('I live in {0}'.format(cls.nationality))

    @staticmethod
    def static_func(x, y):
        print(x+y)

p1 = Person('Tom', 20)
p1.say_hi()
```

Out[2] Tom

"静态方法"的访问方法：通过类名和实例名均可。

In[3]	Person.static_func(200,300) # 通过类名调用静态方法
Out[3]	500

In[4]	p1.static_func(200,300) # 通过实例名调用静态方法
Out[4]	500

"类方法"的访问方法：通过类名和实例名均可。

In[5]	Person.class_func() # 通过类名调用类方法
Out[5]	I live in CHINA

In[6]	p1.class_func() # 通过实例名调用类方法
Out[6]	I live in CHINA

3.6.3 类之间的继承关系

Python 中表示类之间的继承关系的表示方式比较特殊，即在定义一个类（如 Teacher）时，将其父类名（如 Person）放在该类名后的括号中。

子类可以继承父类的 public 型和 protected 型的属性和方法，但不能继承 private 型的属性和方法。

In[7]	Class Teacher(Person): pass t1=Teacher("zhang",20)
In[8] Out[8]	Person.class_func() I live in CHINA
In[9] Out[9]	t1.class_func() I live in CHINA

从输出结果看，Teacher 类已经继承了其父类 Person 的方法 class_func()。

In[10] Out[10]	t1.static_func(1,10) 11
In[11] Out[11]	Person.static_func(2,10) 12
In[12] Out[12]	t1._deposit 100000000000.0

子类可以继承父类的 protected 属性或方法，如属性 _deposit。

In[13]	t1.__gender
	-- ------------------------------
	AttributeError Traceback (most recent call last)
Out[13]	<ipython-input-13-d2490a499a72> in <module>() ----> 1 t1.__gender # 报 错 信 息 如 下：AttributeError: 'Teacher' object has no attribute '__gender' AttributeError: 'Teacher' object has no attribute '__gender'

子类不能继承父类的 private 属性，如 __gender。

可以用以下方法查看类 Teacher 及其父类 Person 的 docString。

In[14]	Person? Teacher?

查看类的 .__name__ 属性(类名)。注意：Python 中的每个类有很多内置的默认属性，其属性名的特点为：以两个下画线开始且以两个下画线结束。比较常用的属性如下：

In[15]	# __name__：获取类名 # __doc__：获取类的文档字符串，默认为类代码块中第一行的代码块 # __bases__：获取类的所有父类组成的元组 # __dict__：获取类的所有属性和方法组成的列表 # __module__：获取类定义所在的模块名 # __class__：获取实例对应的类 Person.__name__
Out[15]	'Person'

3.6.4 私有属性及 @property 装饰器

与 Java 和 C++ 语言不同，Python 语言私有变量的定义语法不用关键字 private，而用两个下画线来表示私有变量。用 Property 装饰器修饰的函数的调用不能加 ()，必须通过"属性"方式调用，否则提示 TypeError: get_name() takes 0 positional arguments but 1 was given。

| In[16] | ```
class Student:
    __name="Zhang"
    age=18
    @property
    def get_name(self):
print(self.__name)

stdnt1=Student()

stdnt1.get_name
``` |
|---|---|
| Out[16] | Zhang |

3.6.5 self 和 cls

self 和 cls 是 Python 编程中常用的两个关键字，主要用于面向对象编程。在定义一个类时，self 代表"实例的引用"，如常用于 __init__()；cls 代表"类的引用"，如常用于 __new__()。

__name 为私有变量，但 age 不是私有变量。

若不写 self，则出现参数不匹配错误 TypeError: get_name() takes 0 positional arguments but 1 was given。

若不写 self，则报错 NameError: name '_Student__name' is not defined

@property 装饰器的主要功能将函数以属性的形式调用。

· 136 ·
```

```
class Student:
    age=0
    name="z"
    def __init__(self):
        self.name="zhang"
        age=10
```
In[17]
```
s1=Student()
s2=Student()
s1.name="song"
s1.age=30
Student.age=20
Student.name="li"
s1.name, s1.age,s2.name, s2.age
```
Out[17]   ('song', 30, 'zhang', 20)

self 只能出现在形式参数和实例函数体中，不能出现在前两行 age 和 name 之前，它是类变量，可以通过类调用。

self.name 是实例变量，与另一个同名类变量 name 不同。

此 age 是函数 __init__ 内的局部变量。

age 为类属性，name 为类属性。

执行函数 __new__() 后，生成的是对象；执行函数 __init__() 后生成的实例。

3.6.6 new 与 init 的区别和联系

在 Python 中 __new__() 函数与 __init__() 函数的运行顺序为：先运行 __new__() 函数，当 __new__() 中 return 语句执行之后才执行 __init__()。与此对应，Python 中的对象和实例是两个概念，如图 3-5 所示。运行函数 __new__() 后产生的是一个对象，而运行函数 __init__() 后产生的是一个实例，对象为实例的空模板。

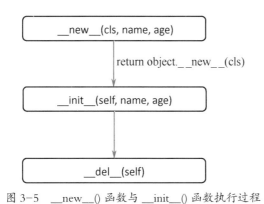

图 3-5 __new__() 函数与 __init__() 函数执行过程

In[18]
```
class Student:
    name="wang"
    __age=16

    def __new__(cls,*args, **kwargs):
        print('new 函数被调用 ')
        return object.__new__(cls)
```

<table>
<tr><td></td><td>

```
def __init__(self,name,age):
    print( 'init 函数被调用 ')
    self.name = name
    self.age = age

def sayHi(self):
    print(self.name,self.age)

s1= Student("zhang", 18)
s1.sayHi()
```

</td></tr>
<tr><td>Out[18]</td><td>new 函数被调用
init 函数被调用
zhang 18</td></tr>
</table>

根据输出结果可以看出 Python 中的 __new__() 函数与 __init__() 函数的区别与联系，图 3-6 给出了 Python 面向对象编程的要点。

在 Python 面向对象编程中，类属性（如 name）和实例属性（如 age）在内存中分别占有自己的独立存储空间（互不影响），而实例属性的寻找规则为"先到实例属性中找相应属性，若在实例属性对应内存中找不对应属性（如 s2.age），则以类属性值代替同名实例属性值"。建议读者采用 Python 通用属性 __dic__ 跟踪每个类和实例的属性及其属性值，如 s1.__dict__ 或 Student.__dict__。

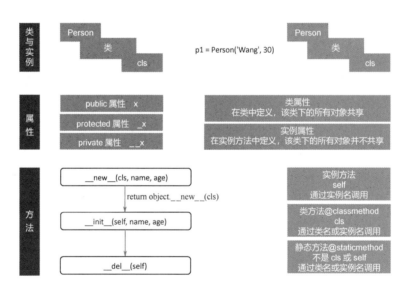

图 3-6　Python 面向对象编程的要点

小　结

本章主要讲解了迭代器等概念、常见问题的解决方法和面向对象编程的进阶知识。其中，迭代器、可迭代对象、装饰器和生成器是容易混淆的几个概念，初学者要理解各自的含义并掌握相互间的关系。查看帮助的方法、异常处理和搜索路径等都是 Python 编程中经常需要用到的知识，需要重点掌握。虽然初学者在数据分析过程中一般不用面向对象开发，但是面向对象编程知识的掌握有助于理解第三方工具包的源代码以及为未来自己编写 Python 包奠定良好基础。本章给出的例题及代码较好地体现了学习过程，建议初学者多练习。

习　题　3

（1）以下语法错误的是（　　）。

A. dir([])

B. dir(?)

C. dir('')

D. dir()

（2）关于帮助文档，以下说法中正确的是（　　）。

A. 用"?"可查看源代码，用"??"可查看 docstring

B. 查看 sys 模块的帮助文档时直接输入 help(sys) 即可

C. _doc_ 属性的前后各有一个下画线

D. 内置的 dir(X) 函数会返回附加在 X 对象上的所有属性及方法的列表

（3）以下说法中正确的是（　　）。

A. try、except、finally 三者必须同时使用，缺一不可

B. finally 的作用与 else 相同

C. assert 主要用于设置检查点，当检查条件为真时抛出 AssertionError

D. assert 语句的断言内容是可以空缺的

（4）SyntaxError 表示（　　）。

A. 变量未定义

B. 传入无效的参数

C. 语法错误

D. 缩进错误

（5）若代码中误输入中文字符或标点，则系统会提示（　　）错误。

A. Not ImplementedError

B. IndentationError

C. EOFError

D. SyntaxError

（6）如下代码的运行结果为（　　　）。

```
import math
def f(n):
    assert n>0,'n must be positive'
    return math.sqrt(n)
f(4)
```

A. 2.0

B. AssertionError: n must be positive

C. AssertionError: n must be positive 2.0

D. 1.0

（7）在 os 模块中，（　　　）函数用于修改当前目录。

A. getcwd()

B. chdir()

C. setcwd()

D. getdir()

（8）子类可以继承父类的 public 属性与（　　　）属性。

A. protected

B. private

第4章 数据准备与加工

学习指南

【在数据科学中的重要地位】数据准备与加工是数据科学项目的重要环节。因此，掌握利用 Python 进行随机数生成、向量化计算、数据框计算和数据可视化是数据科学家的基本功之一。

【主要内容与章节联系】本章讲解综合运用 Python 的 Random、Sklearn、NumPy、Pandas、Matplotlib、Seaborn 工具包进行数据准备与加工的基础知识和常用技能。本章内容的学习需要第 1 章和第 2 章的基础，也是学习本书后面三章的前提。

【学习目的与收获】通过本章学习，我们可以掌握数据分析和数据科学中常用的数据准备与加工所需的工具包的使用知识，为进一步利用 Python 进行数据分析工作奠定基础。

【学习建议】

（1）学习重点：

● 随机数及随机数组的生成方法。

● Ndarray 的基本操作。

● Series 和 DataFrame 的基本操作。

● 利用 Matplotlib/ Seaborn 数据可视化。

（2）学习难点：

● Ndarray 的特征与计算。

● Series 和 DataFrame 的算术运算。

● 综合运用 Python 的 NumPy、Pandas、Matplotlib、Seaborn 进行分析实践。

4.1 随机数

Q&A

（1）如何一次性生成一个随机数？

【答】用 Python 一次性生成一个随机数可以用 random 模块来实现。

随机生成一个整数的方法为 random.randint()，随机生成一个实数的方法为 random.uniform()，设置随机数种子的方法为 random.seed()。

（2）如何一次生成一个随机数组（多个随机数）？

【答】通常采用第三方包 Numpy 实现。

第一步，通过 np.random.RandomState 定义一个随机变量的生成器，如 rand=np.random.RandomState(3)。

第二步，根据目标数组的特征（如服从均匀分布或正态分布），选择生成器 rand 的具体方法，如 rand.randint()、rand.rand()、rand.randn()。

4.1.1　一次生成一个随机数

一次生成一个随机数的常用方法是用 random 模块。random 的导入命令为：

```
In[1]    import random
         Random.seed(3)
```

Python 中实现同一种功能的包和模块有很多，不同的包和模块在用户体验、实现技术、优化程度和主要应用场景方面有所不同。例如，random 并不是 Python 中生成随机数的唯一的包，还有 NumPy、SciPy 等。利用 random 生成一个 [1,100] 之间的随机整数的代码如下：

```
In[2]    import random
         random.seed(3)
         random.randint(1, 100)
Out[2]   31
```

其中，random.seed(3) 的含义为"设置随机数的种子数"，如果不设置，那么系统每次生成的随机数都不一样。

利用 random 生成一个 [-10,10] 之间的随机浮点数（实数）的代码为：

```
In[3]    import random
         random.seed(3)
         random.uniform(-10, 10)
Out[3]   -5.240707458162173
```

此外，通过运行"random.uniform?"查看 random.uniform 的说明文档，可了解更多细节。

```
In[4]    random.uniform?
```

可以对产生的随机数进一步处理，如四舍五入等。在"round(random.

Python 中可以生成随机数的第三方包有很多，如 Random、NumPy、Scipy、Sci-kit learn 等。本章主要介绍了基于 random 和 Numpy 的随机数生成方法，但是在 Python 中生成随机数的包有很多，读者可以根据自己的需要和习惯选择其他包，如 SciPy 等。

Python 中生成随机数的方法有很多，本节主要介绍基于 random 包的随机数生成方法。

random.seed() 的功能为生成随机数的"种子数"。

计算机（算法）生成的并非真正意义上的随机数，而是伪随机数。关于计算机中产生伪随机数及其种子数的原理，可以参考中间平方方法（Middle Square Method, MSM）和线性同余生成器（Linear Congruential Generator, LCG）等生成伪随机数的原理。

uniform(-10, 10),2)"中，"2"的含义为小数点后面保留两个有效位。

```
In[5]    random.seed(3)
         round(random.uniform(-10, 10),2)
Out[5]   -5.24
```

4.1.2　一次生成一个随机数组

用包 NumPy 生成一个随机数组的基本步骤如下。

参见本书 4.2 节。

第一步，通过 np.random.RandomState 定义一个随机变量的生成器 rand。

第二步，根据目标数组的特征（如服从均匀分布还是正态分布），选择生成器 rand 提供的具体方法，如 rand.randint()、rand.rand()、rand.randn()。

如生成一个 3×6 的矩阵，矩阵的每个元素的取值范围为 [0,10] 之间的整数：

```
In[6]    import numpy as np
         rand=np.random.RandomState(3)
         x=rand.randint(0,10,(3,6))
         x
Out[6]   array([[7, 5, 6, 8, 3, 7],
               [9, 3, 5, 9, 4, 1],
               [3, 1, 2, 3, 8, 2]])
```

其中，np.random.RandomState() 的参数 32 为随机种子数，(3,6) 为目标数组的形状。

种子数可以任意设置。

生成服从均匀分布的浮点数（实数）数组，如生成一个含有 5 个元素的数组：

```
In[7]    import numpy as np
         rand=np.random.RandomState(1)
         x=rand.rand(5) *10
         x
Out[7]   array([4.17022005e+00, 7.20324493e+00, 1.14374817e-03,
               3.02332573e+00, 1.46755891e+00])
```

rand.rand() 的返回值的取值范围为 [0,1]，"*10"的目的是"调整所生成随机数的取值范围"。

可以调用 rand.randn() 生成服从正态分布的浮点数（实数）数组，如生成一个含有 5 个元素且服从正态分布的数组：

In[8]	import numpy as np rand=np.random.RandomState(1) y=rand.randn(5) +5 y
Out[8]	array([6.62434536, 4.38824359, 4.47182825, 3.92703138, 5.86540763])

除了上述随机数生成方法，数据分析中还常用 numpy 包的 linspace() 函数生成等距数列。如产生一个含有 20 个元素的等距数列，其中每个元素的取值范围为 [0,10]：

> linspace() 函数生成的并非随机数。

In[9]	x=np.linspace(0,10,20) x

Out[9]	array([0. , 0.52631579, 1.05263158, 1.57894737,
	2.10526316,
	        2.63157895, 3.15789474, 3.68421053, 4.21052632,
	4.73684211,
	        5.26315789, 5.78947368, 6.31578947, 6.84210526,
	7.36842105,
	        7.89473684, 8.42105263, 8.94736842, 9.47368421, 10.
	])

> 此处用的是 NumPy 中的 np.linspace()。生成等比数列的函数为 np.logspace (0,10,20)，更多函数及其用法请参见 NumPy 的官方文档。

通过 "np.linspace?" 可以查看 np.linspace 的说明文档，以了解更多细节。

In[10]	np.linspace?

4.2　多维数组

Q&A

（1）什么是 ndarray？为什么要用它？

【答】ndarray 是 Python 常用第三方包 NumPy 的灵魂，代表的是一种特殊的数据结构——n 维数组。Python 中的列表和元组可以实现数组的功能，但缺点是：浪费内存，每个元素为 object 型，且计算时间长，需要进行优化解决。ndarray 是一种常用的优化方案。

> 虽然 Python 基础功能中没有直接提供数组类型，但是可以通过列表和元组实现类似数组的功能。

（2）如何创建一个 ndarray 数组？

【答】创建 ndarray 数组的前提是导入 numpy 模块，即 import numpy as np。基于 NumPy 创建 ndarray 数组的方法有多种，包括：

> 其中，import …as… 为 Python 中导入包的方法之一，表示导入模块 numpy 并以 np 作为别名。

- 用 np.arange() 方法，如 MyArray1 = np.arange(1,20)。
- 用 np.array() 方法，如 MyArray2=np.array([1,2,3,4,3,5])，其中 np.arange

144

(1,10,2) 在功能上等价于 np.array(range(1,10,2))。

- 其他生成特殊数组的函数，如 np.zeros((5,5))，np.ones((5,5))，np.full((3,5),2)，rand=np.random.RandomState(30) rand.randint(0,100, [3,5])。

（3）ndarray 数组有什么特殊性？

【答】ndarray 数组的 shape 属性可以获取数组的形状（或行数和列数），dtype 属性可以获取数组元素的数据类型。若进行数组重构（或改变数组的形状），用 reshape() 方法，如 MyArray5.reshape(4,5)。此外，ufunc(universal function) 表示 ndarray 数组中的多数方法的共性特点，NumPy 提供了大量 ufunc 函数，这些函数能够对 narray 对象的每个元素进行操作，不用写循环语句，即支持向量计算。

.reshape() 与 .resize() 的区别为：reshape() 不会对原值进行修改，返回结果是一个新对象；而 .resize() 会对原值进行修改，进行就地修改。

（4）如何访问 ndarray 数组中的元素？

【答】ndarray 数组的切片和读取与列表类似。若需要访问的 index 有规则，则采用类似列表的方法，如 myArray[1:5:2]；若需要访问的元素 index 没有规则，则采用 Fancy Indexing 方法，如 myArray[[1,3,6]]。Fancy Indexing 的方法是指将需要访问的元素下标以列表形式提供。

（5）如何对 ndarray 进行数据加工操作？

【答】对 ndarray 进行数据加工的方式和方法主要包括：

- 更改数组形状，用 .reshape() 或 .resize() 的方法。
- 轴的调换，用 .swapaxes 的方法。
- 转换为一维数组，用 .flatten() 的方法。
- 将 ndarray 转换为列表，用 .tolist() 的方法。
- 更改所包含元素的数据类型，用 .astype() 的方法。

（6）如何对 ndarray 进行属性计算？

【答】对 ndarray 进行属性计算的方式和方法主要包括：

- 求数据的秩，用 .rank() 方法。
- 查看数组的形状，用 .shape() 方法。
- 计算元素个数，用 .size() 方法；
- 查看所包含元素的数据类型，用 .type() 的方法。

（7）ndarray 中如何进行缺失值处理？

【答】用 np.isnan() 判断 ndarray 中是否有 nan 值，若有缺失值，可进行缺失值的删除或替换。此外，np.nansum() 函数可将 nan 值处理为 0，并得到给定轴上的数组元素的总和。

注意，None 与 NumPy 中的 nan 的区别在于：None 是 Python 基础语法提供的数据类型，不能参加算术运算；而 np.nan 是 NumPy 中提供

Pandas 提供了 Nan-safty 函数，如 np.nansum() 为 np.sum() 的 Nan-safty 版本。

的数据类型，属于 float 类型，可以参加算术运算。

（8）数据科学中常用的 ndarray 数组计算方法有哪些？

【答】常用的 ndarray 数组计算方法如下：

- 拆分，如 np.split()、np.vsplit() 等。
- 合并，如 np.concatenate()、np.vstack()、np.hstack() 等。
- 空值处理，如 np.nunsum()、np.isnan() 等。
- 提取特征向量，如 myArray[:,np.newaxis]、myArray[:,1][:,np.newaxis]。
- 不同形状的数组之间的 +/− 操作需要先进行结构对齐，同时注意广播规则。
- 拷贝，分为浅拷贝和深拷贝。其中，浅拷贝复制的是引用，用赋值语句实现；深拷贝复制的是值，用 .copy() 方法。
- 排序，返回排序结果用 np.sort() 方法，返回排序后的下标用 np.argsort() 方法。

注意参数 axis 的含义：axis=1，表示行数不变，每个行独立计算，逐行计算；axis=0，表示列数不变，每个列独立计算，逐列计算。

Python 语言的基础语法中并没有提供数组类型，数组的功能可以用列表和元组来实现。但是，在数据分析中用列表或元组表示数组尤其是多维数据具有明显的缺点：从计算机角度，列表和元组计算的时间和空间代价（复杂度）都很大，主要原因是 Python 列表和元组中的每个元素都是按"对象"来处理的，每个成员都需要存储引用和对象值；从程序员角度，列表和元组提供的函数和功能非常少，其功能实现需要程序员自己编写代码。因此，Python 中出现了"以优化列表和元组，进而实现数组功能"的第三方包，如 NumPy 等。

其中，最常用的是 Python 第三方包 NumPy 中的数据结构 ndarray。与列表和元组相比，ndarray 的优点是更节省内存、更节省运行时间、更方便使用。因为 NumPy 是用 C 语言实现的，并进行了一定的优化处理。

NumPy 中的数据结构 ndarray 的本质是 n 维数组。特殊性体现在"支持通过参数 dtype 设置数组元素的类型"。

在调用 ndarray 前需要导入 numpy 模块。

In[1]　　　　import numpy as np

另一个扩展模块为 array，但在数据分析中一般不用。

在大数据分析尤其是多维数组的处理中，数组或矩阵计算一般不用列表和元组，而是用 NumPy 中的 ndarray 数据类型。

Ndarray 的含义为 N-dimensional Array，即 n 位数组。

4.2.1 创建方法

ndarray 对象的创建方法有多种。第一种方法是用 np.arange()。例如，np.arange(1,20) 的功能是返回一个由大于等于 1（包含 1）且小于 20（不包含 20）的自然数组成的有序数组。

In[2]	MyArray1 = np.arange(1,20) MyArray1
Out[2]	array([1, 2, 3, 4, 5, 6, 7, 8, 9, 10, 11, 12, 13, 14, 15, 16, 17, 18, 19])

从输出结果看，range() 的返回值为一个迭代器。

In[3]	range(1,10,2)
Out[3]	range(1, 10, 2)

在这种情况下，通过强制类型转换即可显示 range() 返回的迭代器中的内容。

In[4]	list(range(1,10,2))
Out[4]	[1, 3, 5, 7, 9]

虽然函数 range() 与 np.arange() 的功能相同，但后者是 NumPy 的方法，运行速度更快，占用内存更小，使用更方便。在数据分析和数据科学项目中，同一个功能的实现方法有很多种（如用 Python 基本语法和调用第三方包）。但是，不同方法的时间复杂度、空间复杂度和灵活性不一样。通常，第三方包会对 Python 基础语法进行优化处理。

In[5]	np.arange(1,10,2)
Out[5]	array([1, 3, 5, 7, 9])

创建 ndarray 对象的第二种方法是用 np.array()。

In[6]	MyArray2=np.array([1,2,3,4,3,5]) MyArray2
Out[6]	array([1, 2, 3, 4, 3, 5])

np.array(range(1,10,2)) 等价于 np.arange(1,10,2)。

In[7]	np.array(range(1,10,2))
Out[7]	array([1, 3, 5, 7, 9])

创建 ndarray 对象的第三种方法是用 np.zeros()、np.ones() 等函数。

ndarray 有很多自带函数，可以用于创建不同类型的数组，如 arange()、array()、ones_like()、zeros()、ones() 等。

range() 与 arange() 的区别：range 是 Python 内置函数，返回值为 range 对象。而 arange 是扩展模块 numpy 中的函数。

np.arange() 的返回值类型为 array。

np.array()是 NumPy 模块中的函数。

range()是 Python 内置函数，arange() 是扩展包 numpy 中的函数。

<table>
<tr><td colspan="2">实际参数 (5,5) 代表的是目标数组的形状 (shape), 即 5 行 5 列的数组, 即 np.zeros (shape=(5,5))。</td></tr>
</table>

In[8]	MyArray3=np.zeros((5,5)) MyArray3
Out[8]	array([[0., 0., 0., 0., 0.], 　　　[0., 0., 0., 0., 0.], 　　　[0., 0., 0., 0., 0.], 　　　[0., 0., 0., 0., 0.], 　　　[0., 0., 0., 0., 0.]])

实际参数 (5,5) 代表的是目标数组的形状 (shape), 即 5 行 5 列的数组, 即 np.zeros (shape=(5,5))。

形式参数 shape 并非强制命名参数, 所以传递实参时可以写为 shape= (如 np.ones (shape=(3,5))), 也可以不写为 (如 np.ones ((3,5))), 详见本书 2.5.4 节。

In[9]	MyArray4=np.ones((5,5)) MyArray4
Out[9]	array([[1., 1., 1., 1., 1.], 　　　[1., 1., 1., 1., 1.], 　　　[1., 1., 1., 1., 1.], 　　　[1., 1., 1., 1., 1.], 　　　[1., 1., 1., 1., 1.]])

创建 ndarray 对象的第四种方法是用 np.full() 创建相同元素的数组。

若将此行代码改为 "np.full(shape= (3,5),2)", 则会报语法错误。为什么呢? 详见本书 2.5.4 节的讲解 (违反了 Python 函数调用中的所有位置参数在所有关键字参数之前的原则)。

In[10]	np.full((3,5),2)
Out[10]	array([[2, 2, 2, 2, 2], 　　　[2, 2, 2, 2, 2], 　　　[2, 2, 2, 2, 2]])

创建 ndarray 对象的第五种方法是用 np.random() 生成随机数组。以下代码中, 0 和 100 代表的是随机数的取值范围, "3,5" 代表的是目标数组的形状, 即 3 行 5 列。

数据形状, 即行数和列数, 并不要求一定用列表形式 (如 [3,5]), 也可以用元组 (如 (3,5)), 只要能区分行数和列数的先后顺序即可。

In[11]	rand=np.random.RandomState(30) MyArray5=rand.randint(0,100,[3,5]) MyArray5
Out[11]	array([[37, 37, 45, 45, 12], 　　　[23, 2, 53, 17, 46], 　　　[3, 41, 7, 65, 49]])

4.2.2　主要特征

ndarray 的两个重要特征如下。

① shape: 多维数组的形状, 取为一个元组或列表。例如, shape=(2,15) 代表的是一个 2 行 15 列的数组。

ndarray 的数据类型比 Python 自带的类型多。

② dtype: 多维数组中的元素的数据类型, 其值为 np.int 等 numpy 模块提供的数据类型。例如, dtype=np.int 代表的是数组元素为 numpy 模块中的 int 型。

	import numpy as np
In[12]	MyArray4=np.zeros(shape=(2,15),dtype=np.int)
	MyArray4
Out[12]	array([[0, 0, 0, 0, 0, 0, 0, 0, 0, 0, 0, 0, 0, 0, 0],
	[0, 0, 0, 0, 0, 0, 0, 0, 0, 0, 0, 0, 0, 0, 0]])

参数中，"shape ="可以省略。

shape 参数代表的是数组的形状，取值可以为元组，如 (3,5)。

	np.ones((3,5),dtype=float)
In[13]	
	array([[1., 1., 1., 1., 1.],
Out[13]	[1., 1., 1., 1., 1.],
	[1., 1., 1., 1., 1.]])

np.int 为 NumPy 中提供的数据类型，对 Python 数据类型进行了优化，并丰富了更多的数据类型，详见 NumPy 的官网 https://numpy.org/doc/stable/user/basics.types.html。

shape 参数的取值也可以为列表，如 [3,5]。

	np.ones([3,5],dtype=float)
In[14]	
	array([[1., 1., 1., 1., 1.],
Out[14]	[1., 1., 1., 1., 1.],
	[1., 1., 1., 1., 1.]])

4.2.3 切片读取

ndarray 的切片读取操作与列表非常相似，先创建试验数据集 myArray。

	import numpy as np
In[15]	myArray=np.array(range(1,10))
	myArray
Out[15]	array([1, 2, 3, 4, 5, 6, 7, 8, 9])

相当于 myArray=np.array(range(1,10))。

In[16]	myArray=np.arange(1,10)
	myArray
Out[16]	array([1, 2, 3, 4, 5, 6, 7, 8, 9])

Python 和 NumPy 中的非负数下标是从左到右顺序计算，第一个元素（最左侧的元素）的下标为 0，后续元素的下标依次加 1。

分别读取 myArray 中的值：

In[17]	myArray[0]
Out[17]	1

In[18]	myArray[−1]
Out[18]	9

Python 和 NumPy 支持负下标。Python 中的负数下标是从右到左顺序计算，最后一个元素（最右侧的元素）的下标为 −1，前续元素的下标依次减 1。

Python 下标的有几种写法。例如，查看数组 myArray 的全部值及切片。

| In[19] | ```python
import numpy as np
myArray=np.array(range(0,10))

print("myArray=",myArray)
print("myArray[1:9:2]=",myArray[1:9:2])
print("myArray[:9:2]=",myArray[:9:2])
print("myArray[::2]=",myArray[::2])
print("myArray[::]=",myArray[::])
print("myArray[:8:]=",myArray[:8:])
print("myArray[:8]=",myArray[0:8])
print("myArray[4::]=",myArray[4::])
print("myArray[9:1:-2]=",myArray[9:1:-2])
print("myArray[::-2]=",myArray[::-2])
print("myArray[[2,5,6]]=",myArray[[2,5,6]])
print("myArray[myArray>5]=",myArray[myArray>5])
``` |
|---|---|
| Out[19] | ```
myArray= [0 1 2 3 4 5 6 7 8 9]
myArray[1:9:2]= [1 3 5 7]
myArray[:9:2]= [0 2 4 6 8]
myArray[::2]= [0 2 4 6 8]
myArray[::]= [0 1 2 3 4 5 6 7 8 9]
myArray[:8:]= [0 1 2 3 4 5 6 7]
myArray[:8]= [0 1 2 3 4 5 6 7]
myArray[4::]= [4 5 6 7 8 9]
myArray[9:1:-2]= [9 7 5 3]
myArray[::-2]= [9 7 5 3 1]
myArray[[2,5,6]]= [2 5 6]
myArray[myArray>5]= [6 7 8 9]
``` |

其中，1、9、2 分别为切片操作的开始位置（start）、结束位置（stop-1）和步长（step），在写代码时可以省略 start、stop 和 step 中的任意几个，相应读取的结果也不相同。

In[20]	myArray[0:2]
Out[20]	array([0, 1])

在下面代码中有两个“:”，其中 start、stop、step 间的“:”都可以省略。

In[21]	myArray[1:5:2]
Out[21]	array([1, 3])

step 值可以为正数，含义为：从第一个元素开始往后遍历。

In[22]	myArray[::2]
Out[22]	array([0, 2, 4, 6, 8])

step 值也可以为负数，含义为：从最后一个元素开始往前遍历。

切片操作中，start 是包含的（如本代码中的“0”），但不包含 stop（如本代码中的“2”），规则为"左包含右不包含。

```
In[23]      myArray[::-2]
Out[23]     array([9, 7, 5, 3, 1])
```

注意，切片操作时，数组本身不会发生改变，myArray 在经过一系列的切片操作后，结果仍为原值。

```
In[24]      myArray
Out[24]     array([0, 1, 2, 3, 4, 5, 6, 7, 8, 9])
```

数组的非连续元素的读取方法可以用"切片"。例如：

```
In[25]      myArray=np.array(range(1,11))
            myArray
Out[25]     array([ 1, 2, 3, 4, 5, 6, 7, 8, 9, 10])
```

初学者容易忽略的问题：当下标为不规则时，不用 Fancy Indexing 则出错。例如：

```
In[26]      myArray[1,3,6]
            ----------------------------------------
            --------------------------------
            IndexError                    Traceback (most recent call
            last)
            <ipython-input-30-13b1cd8a6af6> in <module>()
                  1 #【注意】初学者容易出现的问题
                  2
            ----> 3 myArray[1,3,6]
                  4
                  5   #【注意】报错信息为【IndexError: too many indices
            for array（索引的维度过多的错误信息）】

            IndexError: too many indices for array
```

报错信息：
IndexError: too
many indices for
array（索引的维度过多）。

针对上述情况的纠错方法是将"[1,3,6]"改为"[[1,3,6]]"，即采用切片。切片的特点是下标中嵌套出现方括号，如 [[ ]]。

```
In[27]      myArray[[1,3,6]]
Out[27]     array([2, 4, 7])
```

Python 中，变量名后的 [ ] 与 [[ ]] 有区别：[ ] 表示有规则切片，如 myList[1:9:3]；而嵌套的 [[ ]] 表示 Fancy Indexing，即不规则切片，如 myList[[1:2:4:7]]。

一个特别需要注意和掌握的技能是，Python 下标中还可能出现含有数组名本身的表达式，含义为"过滤条件"。如以下代码的含义为对数组 myArray 进行条件过滤，保留其取值大于 5 的元素。

除了上述情况，Python 下标中还可出现 np.newaxis 字样，详见 In[33]。

In[28]	myArray=np.array(range(1,11)) myArray[myArray>5]
Out[28]	array([6, 7, 8, 9, 10])

在数据分析和数据科学项目中，通常需要生成一个特殊矩阵，即"特征矩阵"。从输出结果看，myArray 的当前值为一行记录，不符合"特征矩阵的要求"，需要对其进行规整化处理。

In[29]	myArray
Out[29]	array([1, 2, 3, 4, 5, 6, 7, 8, 9, 10])

规整化处理特征矩阵的方法是利用 np.newaxis 定义一个新维度，其功能和用法与 None 一样。

此处的":"不能省略。

In[30]	myArray[:,np.newaxis]

Out[30]	array([[1],
	        [2],
	        [3],
	        [4],
	        [5],
	        [6],
	        [7],
	        [8],
	        [9],
	        [10]])

查看形状用属性 shape：

In[31]	myArray[:,np.newaxis].shape
Out[31]	(10, 1)

更改形状用 NumPy 中的 reshape() 方法：

In[32]	myArray2=np.arange(1,21).reshape([5,4]) myArray2

Out[32]	array([[1, 2, 3, 4],
	        [5, 6, 7, 8],
	        [9, 10, 11, 12],
	        [13, 14, 15, 16],
	        [17, 18, 19, 20]])

多维数组的切片读取方法示例如下：

In[33]	x=[2,4] myArray2[x,3]
Out[33]	array([12, 20])

4.2.4 浅拷贝和深拷贝

浅拷贝是指复制的是"引用"，即"复制对象和被复制对象共享一个存储空间，二者并不是相互独立的"。

| In[34] | ```
import numpy as np
myArray1=np.array(range(0,10))
myArray2=myArray1
myArray2[1]=100
myArray1
``` |
| Out[34] | array([0, 100, 2, 3, 4, 5, 6, 7, 8, 9]) |

深拷贝是指复制的是"值"，即"复制对象和被复制对象占用两个不同空间，二者是相互独立的"。ndarray 的深拷贝方法是 copy()。

| In[35] | ```
import numpy as np
myArray1=np.array(range(0,10))
myArray2=myArray1.copy()
myArray2[1]=200
myArray1
``` |
| Out[35] | array([0, 1, 2, 3, 4, 5, 6, 7, 8, 9]) |

此处，myArray 的取值已发生改变，因为"myArray2=myArray1"属于浅拷贝，myArray1 和 myArray2 共享一个存储空间，即二者共同指向同一个内存空间。

4.2.5 形状与重构

重构（reshape）的含义为"返回一个符合新形状要求的数组"。
首先创建一个数组：

| In[36] | ```
import numpy as np
MyArray5=np.arange(1,21)
MyArray5
``` |
| Out[36] | array([1, 2, 3, 4, 5, 6, 7, 8, 9, 10, 11, 12, 13, 14, 15, 16, 17, 18, 19, 20]) |

查看该数组的形状：

| In[37] | MyArray5.shape |
| Out[37] | (20,) |

此处的 myArray1 没有发生改变，因为"myArray2=myArray1.copy()"属于深拷贝，myArray1 和 myArray2是相互独立的，即二者分别指向不同的内存空间。

修改数组形状有多种方法。第一种用 reshape() 方法，返回另一个新的数组。

| In[38] | ```
MyArray6=MyArray5.reshape(4,5)
MyArray6
``` |

| Out[38] | array([[1, 2, 3, 4, 5],
　　　[6, 7, 8, 9, 10],
　　　[11, 12, 13, 14, 15],
　　　[16, 17, 18, 19, 20]]) |

从以下代码可以看出，reshape() 方法不会改变数组本身。

| In[39] | MyArray5.shape |
| Out[39] | (20,) |

| In[40] | MyArray5 |
| Out[40] | array([1, 2, 3, 4, 5, 6, 7, 8, 9, 10, 11, 12, 13, 14, 15, 16, 17, 18, 19, 20]) |

而 reshape(5,4) 方法处理后返回的是另一个新的 5×4 的二维数组：

| In[41] | MyArray5.reshape(5,4) |
| Out[41] | array([[1, 2, 3, 4],
　　　[5, 6, 7, 8],
　　　[9, 10, 11, 12],
　　　[13, 14, 15, 16],
　　　[17, 18, 19, 20]]) |

若使用 reshape(5,5)，则会报错 ValueError: cannot reshape array of size 20 into shape (5,5)，因为无法将原数组改为 5*5 数组。

In[42]	MyArray5.reshape(5,5)

	ValueError　　　　　　　　　　　　Traceback (most recent call last)
	<ipython-input-46-8920a583f59a> in <module>()
	----> 1 MyArray5.reshape(5,5)
	2
	3　　# 报错：ValueError: cannot reshape array of size 20 into shape (5,5)，原因分析：reshape 的前提是"可以 reshape"。
	4 ValueError: cannot reshape array of size 20 into shape (5,5)

原来的数组 MyArray5 仍然没有发生改变。

| In[43] | MyArray5 |
| Out[43] | array([1, 2, 3, 4, 5, 6, 7, 8, 9, 10, 11, 12, 13, 14, 15, 16, 17, 18, 19, 20]) |

修改数组形状的第二种方法是用 resize() 方法更改数组本身的形状，即"就地修改"。

In[44]	MyArray5.resize(4,5) MyArray5

Out[44]	array([[1, 2, 3, 4, 5],
	       [6, 7, 8, 9, 10],
	       [11, 12, 13, 14, 15],
	       [16, 17, 18, 19, 20]])

第三种：用 swapaxes() 方法进行轴调换，如实现矩阵转置操作。

In[45]	MyArray5.swapaxes(0,1)

Out[45]	array([[1, 6, 11, 16],
	       [2, 7, 12, 17],
	       [3, 8, 13, 18],
	       [4, 9, 14, 19],
	       [5, 10, 15, 20]])

在此，swapaxes(0,1) 不改变数组本身。在数据分析和数据科学项目中，需要特别注意对某个数据对象的计算过程是否更改数据本身，还是返回一个新值。

In[46]	MyArray5

Out[46]	array([[1, 2, 3, 4, 5],
	       [6, 7, 8, 9, 10],
	       [11, 12, 13, 14, 15],
	       [16, 17, 18, 19, 20]])

若将转置后的结果重新赋予原先变量，则原数组改变。

In[47]	MyArray5=MyArray5.swapaxes(0,1) MyArray5

Out[47]	array([[1, 6, 11, 16],
	       [2, 7, 12, 17],
	       [3, 8, 13, 18],
	       [4, 9, 14, 19],
	       [5, 10, 15, 20]])

第四种：flatten() 方法将多维数组转换成一维数组。

In[48]	MyArray5.flatten()
Out[48]	array([1, 6, 11, 16, 2, 7, 12, 17, 3, 8, 13, 18, 4, 9, 14, 19, 5, 10, 15, 20])

tolist() 方法可以将多维数组转换为嵌套列表。

In[49]	MyArray5.tolist()

Out[49]	[[1, 6, 11, 16], [2, 7, 12, 17], [3, 8, 13, 18], [4, 9, 14, 19], [5, 10, 15, 20]]

astype() 方法可以重设数组元素的数据类型。

In[50]	MyArray5.astype(np.float)
Out[50]	array([[1., 6., 11., 16.], [2., 7., 12., 17.], [3., 8., 13., 18.], [4., 9., 14., 19.], [5., 10., 15., 20.]])

在经过 MyArray5.astype(np.float) 后，数组 MyArray5 本身没有变，而是返回另一个新数组。

In[51]	MyArray5
Out[51]	array([[1, 6, 11, 16], [2, 7, 12, 17], [3, 8, 13, 18], [4, 9, 14, 19], [5, 10, 15, 20]])

4.2.6　属性计算

计算数组的秩可以用 rank() 或 ndim()。

In[52]	np.rank(MyArray5) C:\Anaconda\lib\site-packages\ipykernel_launcher.py:3: VisibleDeprecationWarning: `rank` is deprecated; use the `ndim` attribute or function instead. To find the rank of a matrix see `numpy.linalg.matrix_rank`. This is separate from the ipykernel package so we can avoid doing imports until
Out[52]	2

系统提示 "'rank' is deprecated"，说明该方法已经淘汰，系统显示改用 ndim "use the 'ndim' attribute or function instead"。Python 第三方包中这种命名方法的变化较为常见。

ndim 的用法有两种：一是属性形式，即 MyArray5.ndim；二是方法形式，即 np.ndim(MyArray5)。

In[53]	np.ndim(MyArray5)
Out[53]	2

In[54]	MyArray5.ndim
Out[54]	2

Python 语言既支持面向对象（如 MyArray5.ndim），又支持面向过程方式编程（如 np.ndim(MyArray5)）。

shape() 方法或 shape 属性可以查看数组的形状。其中，shape 属性支持函数式调用，如 np.shape(MyArray5) 等同于 MyArray5.shape。

```
In[55]      np.shape(MyArray5)
Out[55]     (5, 4)
```

```
In[56]      MyArray5.shape
Out[56]     (5, 4)
```

size 属性可以计算元素个数：

```
In[57]      MyArray5.size
Out[57]     20
```

因此，数组有 3 个常用属性：shape、ndim、size。
若查看数据类型，则可用内置函数 type()。

```
In[58]      type(MyArray5)
Out[58]     numpy.ndarray
```

type 不是 NumPy 提供的，而是 Python 内置函数，所以不能加前缀 np。

4.2.7　ndarray 的计算

ndarray 的计算值得重视，计算是利用 Python 进行数据分析的重要操作。数组的乘法可直接使用 "*" 完成，结果为将数组中的每一个值都进行乘法计算。

```
In[59]      MyArray5*10
            array([[ 10,  60, 110, 160],
                   [ 20,  70, 120, 170],
Out[59]            [ 30,  80, 130, 180],
                   [ 40,  90, 140, 190],
                   [ 50, 100, 150, 200]])
```

split() 方法可对数组横向切分：

```
            x=np.array([11,12,13,14,15,16,17,18])
In[60]      x1,x2,x3=np.split(x,[3,5])
            print(x1,x2,x3)
            [11 12 13] [14 15] [16 17 18]
```

[3,5] 的含义为切分位置。

纵向拆分则可采用 vsplit() 方法，此处为元组的拆包式赋值。

```
            upper,lower=np.vsplit(MyArray5.reshape(4,5),[2])
In[61]      print(" 上半部分为 \n",upper)
            print("\n\n 下半部分为 \n",lower)
```

上半部分为
```
[[ 1 6 11 16 2]
 [ 7 12 17 3 8]]
```

下半部分为
```
[[13 18 4 9 14]
 [19 5 10 15 20]]
```

np.concatenate() 可将两个数组合并：

In[62]	np.concatenate((lower,upper),axis=0)

Out[62]	array([[13, 18, 4, 9, 14],
	       [19, 5, 10, 15, 20],
	       [1, 6, 11, 16, 2],
	       [7, 12, 17, 3, 8]])

另外，np.vstack() 和 np.hstack() 分别支持横向或纵向合并。

In[63]	np.vstack([upper,lower])

Out[63]	array([[1, 6, 11, 16, 2],
	       [7, 12, 17, 3, 8],
	       [13, 18, 4, 9, 14],
	       [19, 5, 10, 15, 20]])

In[64]	np.hstack([upper,lower])
Out[64]	array([[1, 6, 11, 16, 2, 13, 18, 4, 9, 14], [7, 12, 17, 3, 8, 19, 5, 10, 15, 20]])

在 NumPy 中，数组的函数计算往往为"ufunc 类函数"，即以列为单位计算的函数，目的是支持向量计算，不用写循环语句。

In[65]	np.add(MyArray5,1)

Out[65]	array([[2, 7, 12, 17],
	       [3, 8, 13, 18],
	       [4, 9, 14, 19],
	       [5, 10, 15, 20],
	       [6, 11, 16, 21]])

4.2.8 ndarray 的元素类型

ndarray 中的数组支持用户自定义元素的类型，定义方法为设置 dtype 参数值。形式参数 dtype 的取值可以为 Python 的基本数据类型（如 int、loat、str 等），也可以为 NumPy 提供的新数据类型（如 np.int、np.nan 等）。例如：

axis = 0 代表的是第 0 轴，其本质含义如下：计算之后列数不变；以列为单位进行计算；逐列计算。

调用 np.vstack() 的前提是列的个数一样。

调用 np.hstack() 的前提是行的个数一样。

同一个功能，用 sum 和 np.sum() 都可以实现，但有不同：前者为 Python 内置函数，后者为 NumPy 包的函数，属于 ufunc；ufunc 的速度比普通函数快；sum 为内置函数，并非 ufunc；np.sum 为 ufunc 函数。

NumPy 包对 Python 数据类型进行了优化，并丰富了更多的数据类型，详见 NumPy 的官网 https://numpy.org/doc/stable/user/basics.types.html。

· 158 ·

In[66]	import numpy as np np.zeros(10,dtype="int16")
Out[66]	array([0, 0, 0, 0, 0, 0, 0, 0, 0, 0], dtype=int16)

In[67]	np.zeros(10,dtype="float")
Out[67]	array([0., 0., 0., 0., 0., 0., 0., 0., 0., 0.])

同一个数组中，所有元素的数据类型必须一致。如果不一致或没有显式定义元素数据类型，那么按 dtype=object 来处理。

In[68]	a1=np.array([1,2,3,None]) a1
Out[68]	array([1, 2, 3, None], dtype=object)

In[69]	a1=np.array([1,2,3,None,np.nan]) a1
Out[69]	array([1, 2, 3, None, nan], dtype=object)

None 是 Python 基础语法提供的特殊数据类型，不能参加算术运算；而 np.nan 是 NumPy 提供的数据类型，属于 float 类型，可以参加算术运算。

4.2.9　插入与删除

在一个数组中，删除特定元素的方法是 np.delete()。

In[70]	import numpy as np myArray1=np.array([11,12,13,14,15,16,17,18]) np.delete(myArray1,2)
Out[70]	array([11, 12, 14, 15, 16, 17, 18])

在以上代码中，删除了 myArray1 中下标为 2 的元素，即数值 13。np.delete() 方法的实现原理如图 4-1 所示。

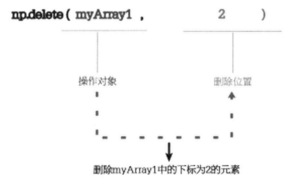

图 4-1　np.delete() 方法的实现原理

在一个数组中插入特定元素的方法是 np.insert()。

In[71]	np.insert(myArray1,1,88)
Out[71]	array([11, 88, 12, 13, 14, 15, 16, 17, 18])

4.2.10 缺失值处理

判断数组的每个元素是否为缺失值的方法为 np.isnan()。

In[72]	np.isnan(myArray)
Out[72]	array([False, False, False, False, False, False, False, False, False, False])

判断数组中是否至少有一个缺失值的方法为 np.any()。

In[73]	np.any(np.isnan(myArray))
Out[73]	False

判断数组中的所有元素是否为缺失值的方法为 np.all()。

In[74]	np.all(np.isnan(myArray))
Out[74]	False

在很多函数计算中，如遇到缺失值会报错或得到 nan 值，处理缺失值的方法是用 NaN-Safty 函数，如 np.nansum()。

In[75]	MyArray=np.array([1,2,3,np.nan]) np.nansum(MyArray)
Out[75]	6.0

在 NumPy 中，np.nan 是 float 类型，可以参加算术运算。

In[76]	np.sum(MyArray)
Out[76]	nan

4.2.11 ndarray 的广播规则

当两个数组的结构不同时，ndarray 的计算支持自动广播补齐方式，但前提是两者在低维度上具有相同的结构。广播原则有两条。第一条规则：如果两个数组的列数一样但行数不一样，那么进行以行为单位的广播操作，进行循环补齐。

In[77]	import numpy as np A1=np.array(range(1,10)).reshape([3,3]) A1

| Out[77] | array([[1, 2, 3],
        [4, 5, 6],
        [7, 8, 9]]) |

再创建一个与 A1 的列数相同但行数不同的数组：

| In[78] | A2=np.array([10,10,10])
A2 |
| Out[78] | array([10, 10, 10]) |

在 A1+A2 操作前，进行以行为单位的广播操作，将 A1 和 A2 转换为相同结构后进行计算。

| In[79] | A1+A2 |
| Out[79] | array([[11, 12, 13],
        [14, 15, 16],
        [17, 18, 19]]) |

第二条规则：如果列数不一致（除了列数为 1），那么解释器报错。

| In[80] | A3=np.arange(10).reshape(2,5)
A3 |
| Out[80] | array([[0, 1, 2, 3, 4],
        [5, 6, 7, 8, 9]]) |

此时 A3 为 2 行 ×5 列，再创建一个 4 行 ×4 列的数组 A4：

| In[81] | A4=np.arange(16).reshape(4,4)
A4 |
| Out[81] | array([[0, 1, 2, 3],
        [4, 5, 6, 7],
        [8, 9, 10, 11],
        [12, 13, 14, 15]]) |

对 A3 和 A4 进行相加，则会报错。

| In[82] | A3+A4 |

```
---------------------------------------------
-------------------------------
ValueError                      Traceback (most recent call
last)
<ipython-input-86-0fe8480883de> in <module>()
----> 1 A3+A4
      2   # 报 错：ValueError: operands could not be
broadcast together with shapes (2,5) (4,4)

ValueError: operands could not be broadcast together with
shapes (2,5) (4,4)
```

4.2.12　ndarray 的排序

排序是常用的对数组进行的操作方法，NumPy 中有多种方法可进行该操作。

In[83]	import numpy as np myArray=np.array([11,18,13,12,19,15,14,17,16]) myArray
Out[83]	array([11, 18, 13, 12, 19, 15, 14, 17, 16])

np.sort() 可直接返回排序结果：

In[84]	np.sort(myArray)
Out[84]	array([11, 12, 13, 14, 15, 16, 17, 18, 19])

np.argsort() 可返回排序后的 index：

In[85]	np.argsort(myArray)
Out[85]	array([0, 3, 2, 6, 5, 8, 7, 1, 4], dtype=int64)

np.sort() 中加一个轴参数 axis，可使多维数组按指定维度排序。

axis = 1 的含义：
①计算前后的行数不变；
②以行为单位，每行独立计算；
③逐行计算。

In[86]	MyArray=np.array([[21, 22, 23, 24,25], 　　　　　　　[35, 34,33, 32, 31], 　　　　　　　[1, 2, 3, 100, 4]])

In[87]	np.sort(MyArray,axis=1)

axis = 0 的含义：
①计算前后的列数不变；
②以列为单位，每列独立计算；
③逐列计算。

In[88]	np.sort(MyArray,axis=0)
Out[88]	array([[1, 2, 3, 24, 4], 　　　[21, 22, 23, 32, 25], 　　　[35, 34, 33, 100, 31]])

4.3　数据框

Q&A

（1）什么是 DataFrame（数据框）？

【答】DataFrame 是 Pandas 包提供的一种类似关系表的数据结构，是 R 和 Python 在数据科学项目中最为广泛应用的数据结构之一。

（2）如何创建一个 DataFrame？

【答】创建一个 DataFrame 的前提是导入 Pandas 包，导入方法为 import pandas as pd，然后通过 pd. DataFrame() 方法直接定义或者导入外部文件来创建数据框。此外，用 Pandas 包读入一个外部文件时，自动将其转换为 DataFrame 对象。

（3）DataFrame 的数据结构是怎样的？

【答】DataFrame 由行和列组成，其数据结构如表 4-1 所示。

DataFrame 有行名（行的显式索引）和列名（列的显式索引），而 ndarray 没有。

表 4-1 DataFrame 的数据结构

	名称	个数	显式 Index
行	index	index.size shape[0]	index
列	columns	columns.size shape[1]	columns

（4）如何访问 DataFrame 的元素？

【答】访问 DataFrame 的元素有三种方式：

- 按列名访问，如 df2.["id"][2] 或 df2.id[2]。
- 按显式 Index 访问，如 df2.loc[1,"id"]。
- 按隐式 Index 访问，如 df2.iloc[1,0]。

DataFrame 支持显式索引和隐式索引，在下标中分别用 .iloc[] 和 .loc[] 来区分。

另一个方法为 ix[ ]，但目前已被 iloc[ ] 和 loc[ ] 代替。

（5）如何删除 DataFrame 的行或列？

【答】删除 DataFrame 行的方法为 .drop(,axis=0)，如 df2.drop([3,4], axis=0, inplace=True)，按显式 Index 删除 DataFrame 列的方法为 .drop(,axis=1)，如 df2.drop([3,4], axis=0, inplace=False)。其中，inplace=True 表示"就地修改"，即修改数据框本身。

（6）如何对 DataFrame 进行条件过滤？

【答】可直接在下标中写过滤条件，如 df2[df2.area_mean > 1000]。

（7）如何对 DataFrame 的行进行算术运算？

隐式索引是指类似 Java 和 C 语言中的下标，即位置序号。

【答】DataFrame 的算术运算并不是按"隐式 Index"进行计算，而是按照"显式 Index"进行计算。算术运算需要遵循的三条基本规则分别为：

- 数据框之间的计算规则是先补齐显式 index（索引）（新增索引对应值为 NaN），得到相同结构后再进行计算。
- 用算术运算符 +、−、* 等会产生 nan 值，若想将默认填充的 NaN 改为指定值，建议不要使用算术运算符，而改用成员方法，如 add()、sub()、mul()、div()。
- 数据框与 Series 的计算规则是按行（第 1 轴）广播，先把行改为

与 .describe() 类似功能的比较常用的函数是 info()。

更多函数见 Pandas 官网。

矩阵（数组）是数据框的特例，主要体现的是矩阵（数组）所包含内容仅为数值型或布尔型，而数据框可以包括非数值型内容，如自然语言、图片等；数据框有行名（行的显式索引）和列名（列的显式索引），但矩阵（数组）没有显式索引。

Pandas 官网 https://pandas.pydata.org/

等长，行内不做循环补齐。只是一行一行计算，不会跨行广播。

（8）如何对 DataFrame 的行进行统计分析？

【答】describe() 方法可用于描述性统计分析。

（9）如何对 DataFrame 进行排序？

【答】查看排序结果用 sort_values() 方法，查看排序后的显式 Index 用 sort_index() 方法。

（10）如何对 DataFrame 进行导入或导出？

【答】将外部文件导入 DataFrame 用 Pandas 的 read_*** 系列函数，如 df=pd.read_csv('df2.csv')。将 DataFrame 导出到外部文件用 DataFrame 的 to_*** 系列函数，如 df.to_csv()。

（11）如何处理 DataFrame 中的缺失值？

【答】处理缺失值的一种解决方案是用 dropna() 删除或忽略缺失值，另一种解决方案是用方法（如 add）及其 fill_value 参数插入值。

（12）如何对 DataFrame 进行分组统计？

【答】Pandas 包中的 groupby 函数可以对 DataFrame 进行分组统计，groupby 函数的调用方式为：groupby 后的圆括号为分组条件、方括号为计算对象，最后为分组统计函数，如 df2.groupby("diagnosis")["area_mean"].mean()。

数据框（Data Frame）是数据分析中常用的数据结构之一，如 Python 的 Pandas 包、R 语言和 Spark 技术均支持数据框计算。其中，Pandas 是一个强大的分析结构化数据的工具集，主要用于数据挖掘和数据分析，也提供数据清洗功能。DataFrame 是 Pandas 中的一个表格型的数据结构，包含一组有序的列，每列可以是不同的值类型（数值、字符串、布尔型等），既有行索引也有列索引。

4.3.1　创建方法

在数据分析项目中很少用第一种方法（直接定义），而是第二种方法（导入定义）的应用较为普遍

pd.DataFrame() 的参数可以是 ndarray、列表、字典、元组、Series 等。

在数据分析与数据科学项目中，创建一个 DataFrame 的常用方法有两种：直接定义，导入定义。

第一种方法使用 pd.DataFrame 直接定义：

| In[1] | ```
import numpy as np
import pandas as pd
df1=pd.DataFrame(np.arange(10).reshape(2,5))
df1
``` |
```

Out[1]		0	1	2	3	4
	0	0	1	2	3	4
	1	5	6	7	8	9

第二种方法是，当用 Pandas 包导入一个外部文件时，将自动转换为 DataFrame 对象。

In[2]	df2 = pd.read_csv('bc_data.csv') df2.shape
Out[2]	(569, 32)

数据库支持 Fancy Indexing。例如，选择（投影）数据框 df2 的 id、diagnosis、area_mean 等 3 列。

In[3]	df2=df2[["id","diagnosis","area_mean"]] df2.head()

Out[3]		id	diagnosis	area_mean
	0	842302	M	1001.0
	1	842517	M	1326.0
	2	84300903	M	1203.0
	3	84348301	M	386.1
	4	84358402	M	1297.0

4.3.2 查看行或列

查看行名，即行的显式 Index：用 index 属性。

In[4]	df2.index
Out[4]	RangeIndex(start=0, stop=569, step=1)

计算行数：用 index.size 属性。

In[5]	df2.index.size
Out[5]	569

查看列名，即列的显式 Index：用 columns 属性。

In[6]	df2.columns
Out[6]	Index(['id','diagnosis','area_mean'],dtype='object')

计算列数：用 columns.size 属性。

In[7]	df2.columns.size
Out[7]	3

有时导入外部文件时出现乱码现象，因为字符集编码有误，纠正方法为设置属性 encoding。

head() 和 tail() 是数据分析和数据科学项目中常用的两个函数，分别用于显示数据框的前几行和后几行。当数据量很大时，没有必要显示全部内容。

同时显示行数和列数，即查看 DataFrame 的形状：用 shape 属性。

In[8]	df2.shape
Out[8]	(569,3)

计算行数和列数的另一种方法：shape[0] 和 shape[1]。

df2.shape 的结果为 (569,3)。

In[9]	print(" 行数为 :", df2.shape[0]) print(" 列数为 :", df2.shape[1]) print(" 行数为 :", df2.shape[0]) print(" 列数为 :", df2.shape[1])

4.3.3 切片方法

Python 中数据框的下标的写法很特殊，不能像 C 和 Java 语言那样写成 df2[1][2]，也不能像 R 语言那样写成 df2[1,2]。在 Python 中，可以通过 iloc 达到 "类似 R 语言的下标表示方法"，如 df2.iloc[1,0]。

按列名读取的第一种写法：列名出现在下标中。

In[10]	df2["id"].head()
Out[10]	0 842302 1 842517 2 84300903 3 84348301 4 84358402 Name: id, dtype: int64

按列名读取的第二种写法：将列名当作数据框的一个属性。

In[11]	df2.id.head()
Out[11]	0 842302 1 842517 2 84300903 3 84348301 4 84358402 Name: id, dtype: int64

按列名读取的第三种写法：将列名和行号一起用。

数据框的第 0 轴为列，所以不能写成 df2[2]["id"]，否则报错——KeyError: 2。

In[12]	df2["id"][2]
Out[12]	84300903

按列名读取的第四种写法：将属性名和行号一起用。

In[13]	df2.id[2]

Out[13]	84300903

按列名读取的第五种写法：用切片。

In[14]	df2["id"][[2,4]]
	2 84300903
Out[14]	4 84358402
	Name: id, dtype: int64

Python 中，每个数据框有两种 index（索引），一种是自带或默认的，从 0 开始；另一种是通过 index 属性定义的。前者被称为隐式 Index，后者被称为显式 Index。显式 Index 是指由用户自行定义，当然也可能定义成 0、1、2、3 这样的整数。因此 index 设为整数可能导致混乱。为此引入了 loc、iloc、ix 等属性，loc 表示的是显式 Index，iloc 表示的是隐式 Index，ix 表示的是显式 Index 和隐式 Index 混合使用。

与 C 和 Java 不同，Python 中的 DataFrame 计算的默认（或优先）依据并非为位置（或隐式 Index），而是显式 Index。

In[15]	df2.loc[1,"id"]
Out[15]	842517

loc、iloc、ix 后面是方括号，而不是圆括号。

按位置，即按隐式 Index 引用：

In[16]	df2.iloc[1,0]
Out[16]	842517

.loc 和 .iloc 的"老式统一写法"是 .ix[]：

In[17]	df2.ix[[1],["id"]]
	C:\Anaconda\lib\site-packages\ipykernel_launcher.py:3: DeprecationWarning:
	.ix is deprecated. Please use
	.loc for label based indexing or
	.iloc for positional indexing
	See the documentation here:
	http://pandas.pydata.org/pandas-docs/stable/indexing.html#ix-indexer-is-deprecated
	This is separate from the ipykernel package so we can avoid doing imports until

Out[17]		id
	1	842517

ix 为 Pandas 的早期版本中支持的一种写法，Pandas 从 0.20.0 开始已取消这种写法。

系统提示".ix is deprecated. Please use.loc 或 .iloc"，说明 ix 属性已经不再使用，

In[18]	df2.ix[[1,5],["id"]]

· 167 ·

Out[18]		id
	1	842517
	5	843786

In[19]	df2.ix[1:5,["id"]]	
		id
	1	842517
Out[19]	2	84300903
	3	84348301
	4	84358402
	5	843786

按显式 Index 访问非连续元素：

若在下标中出现多个显式index，则必须用Fancy Indexing切片方法。

In[20]	df2[["area_mean","id"]].head()		
		area_mean	id
	0	1001.0	842302
Out[20]	1	1326.0	842517
	2	1203.0	84300903
	3	386.1	84348301
	4	1297.0	84358402

4.3.4 索引操作

DataFrame 的行和列都有自己的名称，即显式 Index。行的显式 Index 的名称是 index，列的显式 Index 的名称是 columns。读取行列名称的方法分别为：

df2.index 的返回值为惰性计算的迭代器 RangeIndex()。可以用 print (*df2.index) 方式直接显示 / 打印其具体值。

In[21]	df2.index
Out[21]	RangeIndex(start=0, stop=569, step=1)

Columns 和 index 的拼写均为复数

In[22]	df2.columns
Out[22]	Index(['id', 'diagnosis', 'area_mean'], dtype='object')

可以按显式 Index 读取列。

In[23]	df2["id"].head()
	0 842302
	1 842517
Out[23]	2 84300903
	3 84348301
	4 84358402
	Name: id, dtype: int64

reindex() 用来更改显式 Index 的方法。

与 Series 类似，DataFrame 的 reindex() 方法更改的是隐式 Index，即显示顺序，而不会破坏显式 Index 和数据内容之间的对应关系。

In[24]
```
df2.reindex(index=["1","2","3"],columns=["1","2","3"])
df2.head()
```

Out[24]

	id	diagnosis	area_mean
0	842302	M	1001.0
1	842517	M	1326.0
2	84300903	M	1203.0
3	84348301	M	386.1
4	84358402	M	1297.0

In[25]
```
df2.reindex(index=[2,3,1], columns=["diagnosis","id","area_
mean"])
```

Out[25]

	diagnosis	id	area_mean
2	M	84300903	1203.0
3	M	84348301	386.1
1	M	842517	1326.0

在重新索引时也可以新增一个显式 Index：

新增 index 的名称为 MyNewColumn。

In[26]
```
df3 = df2.reindex(index=[2,3,1],
columns=["diagnosis","id","area_mean","MyNewColumn"],fill_
value=100)

df3
```

Out[26]

	diagnosis	id	area_mean	MyNewColumn
2	M	84300903	1203.0	100
3	M	84348301	386.1	100
1	M	842517	1326.0	100

4.3.5 删除或过滤行/列

用 Pandas 的 read_csv() 方法将外部文件 bc_data.csv 读入本地数据框 df2。

从数据框中选择或删除列，直接用数据框的 Fancy Indexing 方法即可。

In[27]
```
import pandas as pd
df2 = pd.read_csv('bc_data.csv')
df2=df2[["id","diagnosis","area_mean"]]
df2.head()
```

Out[27]

	id	diagnosis	area_mean
0	842302	M	1001.0
1	842517	M	1326.0
2	84300903	M	1203.0
3	84348301	M	386.1
4	84358402	M	1297.0

drop() 方法可以删除含有指定元素的行或列，或删除指定行、列。例如，删除索引为 2 的行：

删除行或列可以通过修改 drop() 方法的可选参数 axis 来实现：axis=0 时删除行，axis=1 时删除列。更多内容请参考 drop() 函数的 docString 帮助信息。

In[28]	df2.drop([2]).head()			
		id	diagnosis	area_mean
Out[28]	0	842302	M	1001.0
	1	842517	M	1326.0
	3	84348301	M	386.1
	4	84358402	M	1297.0
	5	843786	M	477.1

其中，下标中的 2 为显式 Index，而不是隐式 Index。显式 Index 与隐式 Index 的区别在于：显式 Index 是数据科学和数据分析项目常用的索引技术，数据框的行和列的显式 Index 分别为 index 和 columns，与基于 Java 或 C 语言的软件开发不同，数据科学和数据分析项目中一般不用隐式 Index，数据分析和软件开发是有区别的。

原因是 drop() 方法的 inplace 参数的默认值为 False，即 inplace =False。

在默认情况下，drop() 方法不修改 DataFrame 对象本身，df2 仍为原数据框。

In[29]	df2.head()			
		id	diagnosis	area_mean
Out[29]	0	842302	M	1001.0
	1	842517	M	1326.0
	2	84300903	M	1203.0
	3	84348301	M	386.1
	4	84358402	M	1297.0

drop() 方法的第一个参数为 labels，其 DocString 中的描述如下：labels : single label or list-like Index or column labels to drop.

df2.drop() 的第一个参数可以为列表或元组，也可以为一个值。

如果前两行代码没有写，那么反复运行此行代码会报错。因为 df2 的当前值一直在发生变化。

axis＝0 的含义：①计算前后的列数不变；②以列为单位计算；③逐列计算。

| In[30] | ```
import pandas as pd
df2 = pd.read_csv('bc_data.csv')
df2=df2[["id","diagnosis","area_mean"]]
df2.drop([3,4], axis=0, inplace=True)
df2.head()
``` |
|--------|--------|
| Out[30] | (569, 32) |

上述代码中包含了 Python 中的一个重要参数 inplace，其功能是决定是否要修改 DataFrame 对象本身（就地修改）。当 inplace=True 时，就地修改，即修改 DataFrame 对象（如 df2）本身；当 inplace=False 时，不修改 DataFrame 对象本身（如 df2），而返回另一个 DataFrame 对象。
```

| In[31] | ```
import pandas as pd
df2 = pd.read_csv('bc_data.csv')
df2=df2[["id","diagnosis","area_mean"]]
df2.drop([3,4], axis=0, inplace=False)
df2.head()
``` |
|---|---|

Out[31]

	id	diagnosis	area_mean
0	842302	M	1001.0
1	842517	M	1326.0
2	84300903	M	1203.0
3	84348301	M	386.1
4	84358402	M	1297.0

删除列的第一个方法是用切片操作和 del 语句。代码如下：

| In[32] | ```
import pandas as pd
df2 = pd.read_csv('bc_data.csv')
df2=df2[["id","diagnosis","area_mean"]]
del df2["area_mean"]
df2.head()
``` |
|---|---|

Out[32]

	id	diagnosis
0	842302	M
1	842517	M
2	84300903	M
3	84348301	M
4	84358402	M

删除列的第二种方法是用方法 drop()。其中，del 语句是 Python 基础语法中的语句，drop() 是 Pandas 提供的函数。

| In[33] | ```
import pandas as pd
df2 = pd.read_csv('bc_data.csv')
df2=df2[["id","diagnosis","area_mean"]]
df2.drop(["id","diagnosis"], axis=1, inplace=True)
df2.head()
``` |
|---|---|

Out[33]

	area_mean
0	1001.0
1	1326.0
2	1203.0
3	386.1
4	1297.0

按列条件过滤方法是在"下标"中写过滤条件。

| In[34] | ```
import pandas as pd
df2 =pd.read_csv('bc_data.csv')
df2=df2[["id","diagnosis","area_mean"]]
df2[df2.area_mean> 1000].head()
``` |
|---|---|

过滤条件 "df2. area_mean> 1000" 写在 df2[] 的下标中。

· 171 ·

Out[34]		id	diagnosis	area_mean
	0	842302	M	1001.0
	1	842517	M	1326.0
	2	84300903	M	1203.0
	4	84358402	M	1297.0
	6	844359	M	1040.0

或者将过滤条件"df2.area_mean>1000"和"切片（["id","diagnosis"]）"综合运用。

In[35]	df2[df2.area_mean> 1000][["id","diagnosis"]].head()		
Out[35]		id	diagnosis
	0	842302	M
	1	842517	M
	2	84300903	M
	4	84358402	M
	6	844359	M

4.3.6 算术运算

算术运算需要遵循的规则之一为：数据框之间的计算规则是先补齐显式 Index（索引）（新增索引对应值为 NaN），得到相同结构后，再进行计算。

与 C 和 Java 不同，Python 中的 DataFrame 计算的依据不是位置（或隐式 index），而是显式 index。

In[36]	df4=pd.DataFrame(np.arange(6).reshape(2,3)) df4			
Out[36]		0	1	2
	0	0	1	2
	1	3	4	5

In[37]	df5=pd.DataFrame(np.arange(10).reshape(2,5)) df5					
Out[37]		0	1	2	3	4
	0	0	1	2	3	4
	1	5	6	7	8	9

在以上代码中，np.arange(10) 表示返回一个由 [0,9] 的自然数组成的一维数组，np.arange(10).reshape(2,5) 表示将一维数组转换为 2 行 5 列的二维数组，pd.DataFrame(np.arange(10).reshape(2,5)) 表示将上一步的二维数组转换为 pandas 的 DataFrame。

接下来可以进行两个 DataFrame 的运算：

In[38]	df4+df5					
Out[38]		0	1	2	3	4
	0	0	2	4	NaN	NaN
	1	8	10	12	NaN	NaN

算术运算需要遵循的规则之二为：用算术运算符 +、−、* 等会产生 NaN 值，如果想将默认填充的 NaN 改为指定值，建议不要使用算术运算符，而改用成员方法，如 add()、sub()、mul()、div()。

In[39]	df6=df4.add(df5,fill_value=10) df6					
Out[39]		0	1	2	3	4
	0	0	2	4	13.0	14.0
	1	8	10	12	18.0	19.0

算术运算需要遵循的规则之三为：数据框与 Series 的计算规则是按行（第 1 轴）广播，先把行改为等长，行内不做循环补齐。只是一行一行计算，不会跨行广播。

In[40]	s1=pd.Series(np.arange(3)) s1
Out[40]	0 0 1 1 2 2 dtype: int32

In[41]	df6−s1					
Out[41]		0	1	2	3	4
	0	0.0	1.0	2.0	NaN	NaN
	1	8.0	9.0	10.0	NaN	NaN

cov() 方法可以计算协方差：

In[42]	df7=pd.DataFrame(np.arange(20).reshape(4,5)) df7					
Out[42]		0	1	2	3	4
	0	41.666667	41.666667	41.666667	41.666667	41.666667
	1	41.666667	41.666667	41.666667	41.666667	41.666667
	2	41.666667	41.666667	41.666667	41.666667	41.666667
	3	41.666667	41.666667	41.666667	41.666667	41.666667
	4	41.666667	41.666667	41.666667	41.666667	41.666667

In[43]	df7.cov()

数据分析和数据科学项目一般不用运算符（如 + 等），而用对应的方法（如 add() 等），因为：调用成员方法的灵活性比运算符高，成员方法中可以设置更多参数，如缺失值处理参数（fillna）、计算方向（axis）等。

原理：先补齐显式 Index，凡是新增 Index 下的 value 为缺失值（np.nan），再按显式 Index 的对应关系进行算术运算

数据框与 Series 的计算思路为：先对齐显式 Index，再按显式 Index 进行计算。

	0	1	2	3	4
0	41.666667	41.666667	41.666667	41.666667	41.666667
1	41.666667	41.666667	41.666667	41.666667	41.666667
2	41.666667	41.666667	41.666667	41.666667	41.666667
3	41.666667	41.666667	41.666667	41.666667	41.666667
4	41.666667	41.666667	41.666667	41.666667	41.666667

Out[43] 对应以上表格。

corr() 方法可以计算相关系数矩阵：

In[44]
```
df7.corr()
```

Out[44]

	0	1	2	3	4
0	1.0	1.0	1.0	1.0	1.0
1	1.0	1.0	1.0	1.0	1.0
2	1.0	1.0	1.0	1.0	1.0
3	1.0	1.0	1.0	1.0	1.0
4	1.0	1.0	1.0	1.0	1.0

T 属性可以被用来进行数据框的转置：

In[45]
```
import pandas as pd
df2 = pd.read_csv('bc_data.csv')
df2=df2[["id","diagnosis","area_mean"]][2:5]
df2.T
```

Out[45]

	2	3	4
id	84300903	84348301	84358402
diagnosis	M	M	M
area_mean	1203	386.1	1297

4.3.7 描述性统计

describe() 方法是数据分析和数据科学项目中最常用的描述性统计方法之一。info() 方法或第三方包 pandas_profiling 也可以进行数据框的描述性统计。

In[46]
```
import numpy as np
import pandas as pd
df2 = pd.read_csv('bc_data.csv')
df2=df2[["id","diagnosis","area_mean"]]
df2.describe()
```

显示结果的含义如下：count（个数）、mean（均值）、std（标准差）、min（最小值）、25%（上四分位数）、50%（中位数）、75%（下四分位数）和 max（最大值）。

	id	area_mean
count	5.690000e+02	569.000000
mean	3.037183e+07	654.889104
std	1.250206e+08	351.914129
min	8.670000e+03	143.500000
25%	8.692180e+05	420.300000
50%	9.060240e+05	551.100000
75%	8.813129e+06	782.700000
max	9.113205e+08	2501.000000

Out[46]

数据框的过滤方法为将过滤条件写在"下标"中：

In[47]　　　　dt = df2[df2.diagnosis=='M']

查看前几行数据可以用 head()，即查看前 5 行数据。在数据分析和数据科学项目中，一般数据量都很大，我们没有必要查阅数据的所有内容，而只需看前几行或最后几行即可，因为数据在同一个列上往往是同质的。

head() 方法的第一个参数为位置参数 n，代表的是需要显示的函数，n 的默认值为 5。

In[48]　　　　dt.head()

	id	diagnosis	area_mean
0	842302	M	1001.0
1	842517	M	1326.0
2	84300903	M	1203.0
3	84348301	M	386.1
4	84358402	M	1297.0

Out[48]

显示最后 5 行数据用 tail() 方法。

In[49]　　　　dt.tail()

	id	diagnosis	area_mean
563	926125	M	1347.0
564	926424	M	1479.0
565	926682	M	1261.0
566	926954	M	858.1
567	927241	M	1265.0

Out[49]

频次统计用 count() 方法，计算每一列或每一行的非 NaN 的单元数：

In[50]
```
df2[df2.diagnosis=='M'].count()
```

Out[50]
```
id          212
diagnosis   212
area_mean   212
dtype: int64
```

更多函数及其用法请参见 Pandas 官网中的函数文档 https://pandas.pydata.org/pandas-docs/stable/reference/frame.html。

Fancy Indexing 可以访问非连续的行或列：

In[51]	df2[["area_mean","id"]].head()		
Out[51]		area_mean	id
	0	1001.0	842302
	1	1326.0	842517
	2	1203.0	84300903
	3	386.1	84348301
	4	1297.0	84358402

4.3.8 数据排序

先查看数据框 df2 的当前值的前 8 行：

In[52]	df2.head(8)			
Out[52]		id	diagnosis	area_mean
	0	842302	M	1001.0
	1	842517	M	1326.0
	2	84300903	M	1203.0
	3	84348301	M	386.1
	4	84358402	M	1297.0
	5	843786	M	477.1
	6	844359	M	1040.0
	7	84458202	M	577.9

以下三个参数较为常见：
① by：排序依据的列名，即列的显式索引；
② axis：排序方向；
③ ascending：排序策略，即升序还是降序，ascending=True 为升序排序。

sort_values() 方法既可以根据列数据，也可根据行数据排序：

In[53]	df2.sort_values(by="area_mean",axis=0,ascending=True).head()			
Out[53]		id	diagnosis	area_mean
	101	862722	B	143.5
	539	921362	B	170.4
	538	921092	B	178.8
	568	92751	B	181.0
	46	85713702	B	201.9

按显式 Index 排序可以用 sort_index() 方法，如下代码按行索引排序：

axis = 1 的含义可以理解为以下三个条件同时成立：计算前后的行数不变，以行为单位进行计算，逐行计算。

In[54]	df2.sort_index(axis=1).head(3)			
Out[54]		area_mean	diagnosis	id
	0	1001.0	M	842302
	1	1326.0	M	842517
	2	1203.0	M	84300903

以下代码按列索引排序，并采用降序排列：

In[55]	df2.sort_index(axis=0,ascending=False).head(3)			
		id	diagnosis	area_mean
Out[55]	568	92751	B	181.0
	567	927241	M	1265.0
	566	926954	M	858.1

4.3.9 导入 / 导出

DataFrame 导入 / 导出的前提是需要知道当前工作目录的位置。查看当前工作目录的方法是用 os 模块中的 getcwd()。

In[56]	import os print(os.getcwd())
Out[56]	C:\Users\soloman\clm

将数据写出的方法是用系列方法 .to_***()，如 .to_csv() 导出的文件格式为 CSV。

In[57]	df2.head(3).to_csv("df2.csv")

将外部数据读入的方法是用系列方法 read_****()，如 read_csv()。

In[58]	import pandas as pd df3 = pd.read_csv('df2.csv')

可以看到：

In[59]	df3				
		Unnamed: 0	id	diagnosis	area_mean
Out[59]	0	0	842302	M	1001.0
	1	1	842517	M	1326.0
	2	2	84300903	M	1203.0

还可以用数据源 / 数据文件格式对应的包或模块导入数据，如 csv：

In[60]	import csv
	with open('df2.csv', newline='') as f:
	    reader = csv.reader(f)
	    for row in reader:
	        print(row)
	df3 = pd.read_csv('df2.csv')

这是典型的 Java、C 语言或面向软件开发的 Python 代码编写思路，在基于 Python 数据分析通常改用 pandas 的 read_csv() 方法。

· 177 ·

Pandas 的更多导入 / 导出函数请参见 Pandas 官网文档 https://pandas.pydata.org/pandas-docs/stable/reference/io.html

| In[60] | Out[60] | ['', 'id', 'diagnosis', 'area_mean'] ['0', '842302', 'M', '1001.0'] ['1', '842517', 'M', '1326.0'] ['2', '84300903', 'M', '1203.0'] |

Out[60]: ['', 'id', 'diagnosis', 'area_mean'] ['0', '842302', 'M', '1001.0']
['1', '842517', 'M', '1326.0'] ['2', '84300903', 'M', '1203.0']

In[61]: df3

Out[61]:

	Unnamed: 0	id	diagnosis	area_mean
0	0	842302	M	1001.0
1	1	842517	M	1326.0
2	2	84300903	M	1203.0

导出方法还有 to_excel() 等：

In[62]: df2.head(3).to_excel("df3.xls")

再次导入刚导出的文件 df3.xls：

In[63]:
```
df3 = pd.read_excel("df3.xls")
df3
```

Out[63]:

	id	diagnosis	area_mean
0	842302	M	1001
1	842517	M	1326
2	84300903	M	1203

4.3.10　缺失数据处理

判断一个数据框是否为空数据框用属性 .empty。

In[64]: df3.empty
Out[64]: False

Python 基础语法与 Pandas 中对 None 和 NaN 的处理方法不同。在 Python 基础语法中，None 不能参加计算，NaN 可以参加计算；在 Pandas 中，二者一样，都可以参加计算，将 None 自动转换为 np.nan。例如：

关于缺失值（Missing Values）的不同表示方法：Python 基础语法为 None，NumPy 中为 np.nan，JupyterNotebook 和 Pandas 中为 nan 或 NaN。

In[65]: np.nan-np.nan +1
Out[65]: nan

In[66]: np.nan-np.nan
Out[66]: nan

而用 None 计算时会报错。报错信息为 TypeError: unsupported operand type(s) for+: 'NoneType'and'int'，因为 None 不能参加算术运算。

In[67]: None+1

```
------------------------------------------------
------------------------------------
TypeError                        Traceback (most recent call
last)
<ipython-input-83-6e170940e108> in <module>()
----> 1 None+1
    +: 'NoneType' and 'int'，原因分析：None 不能参加算数运算。

TypeError: unsupported operand type(s) for +: 'NoneType' and
'int'
```

先生成一个 2 行 2 列的 DataFrame A：

In[68]	import pandas as pd import numpy as np A=pd.DataFrame(np.array([10,10,20,20]).reshape(2,2),column s=list("ab"),index=list("SW")) A

Out[68]

	a	b
S	10	10
W	20	20

其中，list("ab") 的含义为将字符串 "ab" 强制类型转换为列表。参见本书中的强制类型转换操作。

In[69]	list("ab")
Out[69]	['a', 'b']

再生成一个 3 行 3 列的 DataFrame B：

In[70]	B=pd.DataFrame(np.array([1,1,1,2,2,2,3,3,3]).reshape(3,3), co lumns=list("abc"),index=list("SWT")) B

Out[70]

	a	b	c
S	1	1	1
W	2	2	2
T	3	3	3

list("SWT") 等价于列表 ['S', 'W', 'T']。

将两个数据框相加：

In[71]	C=A+B C

Out[71]

	a	b	c
S	11.0	11.0	NaN
T	NaN	NaN	NaN
W	22.0	22.0	NaN

初学者需要注意：①计算依据并非元素的对应位置，而是"以行和列的显式 Index 为依据"计算；②缺失值用 NaN 表示；③基本计算流程：先补显式 Index（索引），在新增显式 Index（索引）中自动补 NaN，再按显式 Index 计算。

· 179 ·

在数据分析和数据科学项目中，一般不用运算符（如"+"），而是用成员方法/函数（如 add()），因为后者更灵活，如设置或调整参数。其参数 fill_value=0 的含义为：缺失值的处理方式为补 NaN，在此改为补 0。

In[72]	A.add(B,fill_value=0)			
Out[72]		a	b	c
	S	11.0	11.0	1.0
	T	3.0	3.0	3.0
	W	22.0	22.0	2.0

参数 fill_value=A.stack().mean() 的含义为：缺失值用"均值"插补。

In[73]	A.add(B,fill_value=A.stack().mean())			
Out[73]		a	b	c
	S	11.0	11.0	16.0
	T	18.0	18.0	18.0
	W	22.0	22.0	17.0

另外，A.mean() 是按列计算的，若计算一个数据框（DataFrame）中全部值的均值，则需要采用 stack() 方法。

In[74]	A.mean()
Out[74]	a 15.0
	b 15.0
	dtype: float64

stack() 方法的功能为建立多级索引，是 NumPy 的常用方法。

In[75]	A.stack()
	S a 10
	b 10
Out[75]	W a 20
	b 20
	dtype: int32

In[76]	A.stack().mean()
Out[76]	15.0

DataFrame 缺失值处理的 4 个重要函数是：isnull()、notnull()、dropna()、fillna()。NaN 代表的是缺失值。

In[77]	C			
Out[77]		a	b	c
	S	11.0	11.0	NaN
	T	NaN	NaN	NaN
	W	22.0	22.0	NaN

① 函数 isnull()：判断数据框中的每个元素是否为"空"。

In[78]	C.isnull()			
		a	b	c
Out[78]	S	False	False	True
	T	True	True	True
	W	False	False	True

② 函数 notnull()：判断数据框中的每个元素是否为"非空"。

In[79]	C.notnull()			
		a	b	c
Out[79]	S	True	True	False
	T	False	False	False
	W	True	True	False

③ 函数 dropna()：直接删除缺失值。

In[80]	C.dropna(axis='index')		
Out[80]	a	b	c

④ 函数 fillna()：设置缺失值的填补方法。

In[81]	C.fillna(0)			
		a	b	c
Out[81]	S	11.0	11.0	0.0
	T	0.0	0.0	0.0
	W	22.0	22.0	0.0

fillna() 的参数 ffill 的含义为缺失值的处理策略为 fowardfill，即向前填充。

In[82]	C.fillna(method="ffill")			
		a	b	c
Out[82]	S	11.0	11.0	NaN
	T	11.0	11.0	NaN
	W	22.0	22.0	NaN

参数 bfill 的含义为缺失值的处理策略为 backward fill，即向后填充。

In[83]	C.fillna(method="bfill",axis=1)			
		a	b	c
Out[83]	S	11.0	11.0	NaN
	T	nan	nan	NaN
	W	22.0	22.0	NaN

当 axis = 'index' 时，凡是含有缺失值的行均被删除，更多参见 dropna() 的帮助信息。

用 0 来补充所有的缺失值 NaN，但 c 本身未发生变化。

4.3.11 分组统计

Pandas 中的 groupby 可以提供分组统计功能。

首先读入外部文件 bc_data.csv 至本地数据框 df2，投影（或仅保留）数据框 df2 的 3 个列 id、diagnosis、area_mean，并用 head() 方法显示数据框 df2 的前 5 行。

In[84]	import pandas as pd df2 = pd.read_csv('bc_data.csv') df2=df2[["id","diagnosis","area_mean"]] df2.head()

Out[84]		id	diagnosis	area_mean
	0	842302	M	1001.0
	1	842517	M	1326.0
	2	84300903	M	1203.0
	3	84348301	M	386.1
	4	84358402	M	1297.0

groupby 的用法为：后接一个圆括号和一个方括号，圆括号中为分组条件，方括号中为计算对象；再接一个方法，如 sum() 和 mean()，如图 4-2 所示。

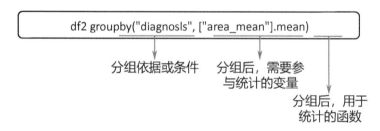

图 4-2　groupby 用法说明

In[85]	df2.groupby("diagnosis")["area_mean"].mean()

Out[85]	diagnosis B　462.790196 M　978.376415 Name: area_mean, dtype: float64

如果想同时计算多个函数的值，那么需要用方法 .aggregate()，将多个函数名以列表形式枚举在 aggregate() 方法的参数中。

In[86]	df2.groupby("diagnosis")["area_mean"].aggregate(["mean","sum","max",np.median])

	mean	sum	max	median
diagnosis				
B	462.790196	165216.1	992.1	458.4
M	978.376415	207415.8	2501.0	932.0

Out[86]

为使数据更加直观，使用 unstack() 函数可"将关系表转换为二级索引"，即将数据的行索引转换为列索引。

In[87]
```
df2.groupby("diagnosis")["area_mean"].
aggregate(["mean","sum"]).unstack()
```

Out[87]
```
      diagnosis
mean  B          462.790196
      M          978.376415
sum   B          165216.100000
      M          207415.800000
dtype: float64
```

stack() 和 unstack() 是数据分析和数据科学项目的常用函数，用于建立和撤销多级索引。
stack()、unstack()、pivot()、melt() 是数据分析中常用的数据格式转换函数，建议读者了解上述函数的功能。

注意区分 apply() 和 aggregate() 的应用场景。

如果将第三个位置的函数替换成自定义函数，则用 apply() 方法。

In[88]
```
def myfunc(x):
    x["area_mean"]/=x["area_mean"].sum()
    return x
df2.groupby("diagnosis").apply(myfunc).head()
```

	id	diagnosis	area_mean	median
0	842302	M	0.004826	
1	842517	M	0.006393	458.4
2	84300903	M	0.005800	932.0
3	84348301	M	0.001861	
4	84358402	M	0.006253	

Out[88]

4.4 Key-Value 型数据

Q&A

（1）什么是"Series"？

【答】Series 是 Pandas 包以优化 Python 中的字典数据类型为目的提供的一种 Key-Value 型数据结构，其中 key 为用户定义的显式 Index。与字典不同，Series 的每个元素带有两种 Index：显式 Index 由用户指定，隐式 Index 由系统自动分配。Series 的访问既可以通过显式 Index，也可以通过隐式 Index。

（2）如何创建一个 Series？

在数据分析中，建议用显式 Index，而不是隐式 Index（位置序号）。

【答】创建一个 Series 的前提是导入 Pandas 包，即 import pandas as pd，再用 pd.Series() 方法创建，如 mySeries1=pd.Series(data =[11,12,13,14,15,16,17], index=["a","b","c","d","e","f","g"])，其中第一个参数为 data，第二个参数为显式 Index，二者需要一一对应。mySeries1 中的显式 Index 为 "a","b","c","d","e","f","g"，隐式 Index 为 0,1,2,3,4,5。

（3）如何使用 Series？

【答】常见的 Series 的操作如下：

- 查看"显式 Index"部分，用 index 属性，如 mySeries1.index。
- 查看 values 部分，用 values 属性，如 mySeries.values。
- 通过显式 Index 读取元素，用切片的方法，如 mySeries2[["a","b","c"]]。
- 通过隐式 Index 读取元素，也可用切片的方法，如 mySeries2[1:4:2]。
- 更新隐式 Index 的值，用 .reindex() 方法。
- 支持显式 Index 的 in 操作，如 "c" in mySeries2。

Key-Value 类型的数据也是大数据较为广泛的数据类型，尤其在 NoSQL 中。在 Python 数据分析中，常用的 Key-Value 类型的数据类型有两种：Python 语言的字典（Dict），Pandas 包的 Series。

Series 是一种类似字典的数据对象，由一组数据（各种 NumPy 数据类型）和一组与之相关的数据标签（即索引）组成。

4.4.1 Series 的主要特点

Series 的特点如下。

① Series 是一种 Key-Value 型数据结构，每个元素由两部分组成：key 表示多个显式 Index；value 表示每个显式 Index 对应的 Value（值）。

② Series 有两种 Index：显式 Index，是指定义一个 Series 对象时，显式地指定 index；隐式 Index，是指 Series 对象中每个元素的下标类似"列表"的下标，如图 4-3 所示。

与软件开发不同，在数据分析和数据科学项目中，一般用显式 Index 而不是隐式 Index（如图 4-4 所示），因为当数据量很大时，很难准确定位其下标。

（侧栏）

.reindex() 修改的是隐式 Index，而不是显式 Index。

Pandas 的 Series 为 Python 的字典的改进与优化方案，本节主要介绍 Series 的编程方法。

Index 的含义为索引。

Python 中的字典（Dict）只有显式 Index，而没有隐式 Index。

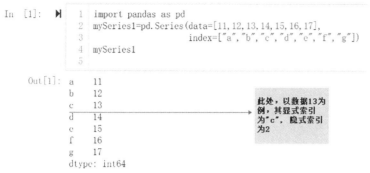

图 4-3　Series 的显示式索引和隐式 Index

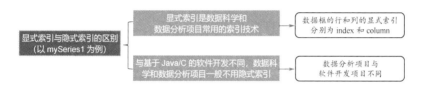

图 4-4　Python 语言与 C/java 语言的区别

4.4.2　Series 的定义方法

pd.Series() 函数可以定义 Series，参数包括：data 参数，对应 values，值为字典、列表等；index 参数，对应显式 Index，值为与第一个参数等长的字典、列表等。

In[1]	import pandas as pd mySeries1=pd.Series(data=[11,12,13,14,15,16,17],index=["a", "b","c","d","e","f","g"]) mySeries1
Out[1]	a　11 b　12 c　13 d　14 e　15 f　16 g　17 dtype: int64

以 mySeries 为例，index 代表的是显式 Index，元素值 13 的显式 Index 为"c"，显式 Index 是数据科学和数据分析项目常用的索引技术；而下标代表的是隐式 Index，元素值 13 的隐式 Index 为 2。

index 与 values 的个数应一致，否则报错。
index 为字符串时，别忘了用双引号或单引号括起来，否则报错。常见错误提示为：NameError: name 'c' is not defined

报错信息为 NameError: name 'a' is not defined。因为: index 为字符串时，忘记了用双引号或单引号括起来。

In[2]

```
import pandas as pd
mySeries1=pd.Series([11,12,13,14,15,16,17],
index=[a,b,c,d,e,f,g])
mySeries1
```

```
------------------------------------------------
------------------------------------
NameError                          Traceback (most recent call
last)
<ipython-input-3-88cdcb222886> in <module>()
        1 import pandas as pd
----> 2 mySeries1=pd.Series([11,12,13,14,15,16,17],
index=[a,b,c,d,e,f,g])
        3
        4 mySeries1

NameError: name 'a' is not defined
```

在 Pandas 的早期版本中，当 data 只包含一个元素时，Series 对象的定义支持"循环补齐"。

当 data 中的 values 多于一个时，values 与 index 的个数应一致。

In[3]

```
mySeries3=pd.Series([1,2,3,4,5], index=["a","b","c"])
mySeries3
```

```
------------------------------------------------
------------------------------------
ValueError                         Traceback (most recent call
last)
<ipython-input-5-e8a37d3e2b30> in <module>()
----> 1 mySeries3=pd.Series([1,2,3,4,5], index=["a","b","c"])
        2 mySeries3

C:\Users\tongtong\Anaconda3\lib\site-packages\pandas\
core\series.py in __init__(self, data, index, dtype, name, copy,
fastpath)

......

C:\Users\tongtong\Anaconda3\lib\site-packages\pandas\core\
internals.py in __init__(self, values, placement, ndim, fastpath)
    88              raise ValueError('Wrong number of items passed
%d, placement '
    89                    'implies %d' % (len(self.values),
---> 90                              len(self.mgr_locs)))
    91
    92    @property

ValueError: Wrong number of items passed 5, placement
implies 3
```

报错信息: ValueError: Wrong number of items passed 5, placement implies 3。因为 values 与 index 的个数不一致。

4.4.3　Series 的操作方法

查看一个 series 的显式 Index 部分的方法为：

```
In[4]    import pandas as pd
         mySeries4=pd.Series([21,22,23,24,25,26,27], index=["a","b","c"
         ,"d","e","f","g"])
         mySeries4.index
Out[4]   Index(['a', 'b', 'c', 'd', 'e', 'f', 'g'], dtype='object')
```

返回的数据类型为 index，是 Pandas 中定义的一个特殊数据类型。

查看 values 部分的方法为：

```
In[5]    mySeries4.values
Out[5]   array([21, 22, 23, 24, 25, 26, 27], dtype=int64)
```

此处 values 的拼写方法为复数。

还可以通过显式 Index 查看元素，支持切片：

```
In[6]    mySeries4['b']
Out[6]   22
```

代码中的 key 必须带引号，单引号和双引号都可以：

```
In[7]    mySeries4["b"]
Out[7]   22
```

若不加单引号或双引号，如 a,b,c，则 Pandas 将其当作变量名，而变量名必须先定义后使用，不定义不能用。

显式 Index 中支持切片。也可以用"[[]]"进行切片，分别表示 Series 和切片的"[]"。例如：

```
In[8]    mySeries4[["a","b","c"]]
         a   21
         b   22
Out[8]   c   23
         dtype: int64
```

在切片时，显式 Index 可以作为 start 和 stop 位置。

```
In[9]    mySeries4["a":"d"]
         a   21
         b   22
Out[9]   c   23
         d   24
         dtype: int64
```

除了常量，显式 Index 必须用双引号或单引号括起来。若在 Index 中用变量名，则必须提前采用赋值语句的方式定义该变量。

Series 也支持通过隐式 Index 读取元素。例如：

```
In[10]   mySeries4[1:4:2]
```

	b 22
Out[10]	d 24
	dtype: int64

In[11]	mySeries4
	a 21
	b 22
	c 23
Out[11]	d 24
	e 25
	f 26
	g 27
	dtype: int64

显式 Index 的 in 操作有助于判断一个值是否在 Series 的 key 中。

| In[12] | "c" in mySeries4 |
| Out[12] | True |

| In[13] | "h" in mySeries4 |
| Out[13] | False |

更新显式 Index 的方法为 reindex()。reindex() 修改的是隐式 Index 而不是显式 Index，即更改的是 Key-Value 的显示顺序，而不会破坏 key 与 value 之间的对应关系。

In[14]	import pandas as pd mySeries4=pd.Series([21,22,23,24,25,26,27], index=["a","b","c","d","e","f","g"]) mySeries5=mySeries4.reindex(index=["b","c","a","d","e","g","f"]) mySeries5
	b 22
	c 23
	a 21
Out[14]	d 24
	e 25
	g 27
	f 26
	dtype: int64

从输出结果看，mySeries4 本身未改变。

In[15]	mySeries5=mySeries4.reindex(index=["b","c","a","d","e","g","f"]) mySeries4
	a 21
Out[15]	b 22
	c 23
	d 24

```
e    25
f    26
g    27
dtype: int64
```

调用 reindex() 方法时，若提供未知列名，NumPy 将在原 Seiries 对象中自动增加 key（显式 Index），对应的 value 为缺失值 nan。

In[16]	`mySeries5=mySeries4.reindex(index=["new1","c","a","new2","e","g","new3"])` `mySeries5`

Out[16]	```new1 nan```
	```c 23.0```
	```a 21.0```
	```new2 nan```
	```e 25.0```
	```g 27.0```
	```new3 nan```
	```dtype: float64```

In[17]	`mySeries4`

Out[17]	```a 21```
	```b 22```
	```c 23```
	```d 24```
	```e 25```
	```f 26```
	```g 27```
	```dtype: int64```

reindex() 不改变 Series 对象本身的显式 Index。

4.5 时间与日期类型数据

Q&A

（1）Python 中如何处理"时间类型数据"？

【答】Python 基本语法中没有直接提供时间数据类型。因此，时间数据类型的定义需要借助第三方包，如 datetime 包。此外，时间数据类型的转换需要用到 dateutil、pandas 包等。

（2）如何定义一个标准的时间数据类型的变量？

【答】用 datetime 包可定义一个标准的时间数据类型的变量：

```
import datetime as dt
myTime = dt.time(12,34,59)
dt.datetime(year = 2018,month = 3,day = 3)
```

（3）如何将"非标准的时间数据类型"转换为"标准的时间数据类型"？

【答】将非标准格式的时间数据转换为标准格式的时间数据的方法有两种。

第一种方法：用 dateutil 包中的 parser.parse() 方法，如 from dateutil import parser, date= parser.parse("3th of July,2018")

第二种方法：用 pandas 包中的 to_datetime() 方法，如 import pandas as pd, pd.to_datetime("3th of July,2018")

（4）如何显示系统的当前时间？

【答】datetime 包中的函数可显示系统的当前时间，如 datetime.now() 方法返回当前本地时间，dt.datetime.today() 方法返回一个表示当前本地日期时间的 datetime 对象，在 strftime(String Format Time) 中进行设置可显示时间数据中的某部分，如第几周等。

（5）如何计算两个时间点的差？

如 (d1–d2).days 计算的是以天为单位的时间差。

【答】Python 中通过 datetime 模块可以直接相减计算两个时间点的差，时间差单位可以是天、小时、秒等，如 d1=dt.datetime.now()，d2=dt.datetime(year=2017,month=3,day=3)。

（6）在 Series 和 DataFrame 中，可否用时间作为索引？

【答】在 Series 和 DataFrame 中可以用时间作为索引，这由 Pandas 包 的 DatetimeIndex() 方 法 实 现， 如 index=pd.DatetimeIndex(["2018-1-1","2019-1-2","2018-1-3","2018-1-4","2018-1-5"]), data=pd.Series([1,2,3,4,5],index=index)。 数 据 科 学 中 通 常 用 Pandas 的 period_range() 方法产生一个时间序列，类似 numpy 包中的 arange() 方法。

或 Python 的 内置函数 range()。

Python 中用于处理日期类型数据的最常用的包是 datetime，用于日期类型的格式转换的包有 dateutil、pandas 等。

4.5.1　定义方法

定义一个标准格式时间类型的对象的方法是用 datetime 包。其中，datetime 包的 dt.time() 方法用来定义一个标准的时间类型数据。

In[1]
```
import datetime as dt
myTime = dt.time(12,34,59)
print("myTime:",myTime)
print("myTime.hour:",myTime.hour)
print("myTime.minute:",myTime.minute)
print("myTime.second:",myTime.second)
```

```
Out[1]    myTime: 12:34:59
          myTime.hour: 12
          myTime.minute: 34
          myTime.second: 59
```

在 Jupyter Notebook 中，可以输入"myTime."后再按 Tab 键，从而查看系统自动提示，来了解和选择更多的属性。

dt.datetime() 用来定义日期类型的数据：

在 datetime() 方法中，year、month、day 为必选，其他为可选。

```
In[2]     dt.datetime(year = 2018,month = 3,day = 3)
Out[2]    datetime.datetime(2018, 3, 3, 0, 0)
```

也可以通过"dt.datetime?"查看帮助信息。

```
In[3]     dt.datetime?
```

系统显示的帮助信息如下：

Init signature: dt.datetime(self, /, *args, **kwargs)

Docstring:

datetime(year, month, day[, hour[, minute[, second[, microsecond[,tzinfo]]]]])

The year, month and day arguments are required. tzinfo may be None, or an

instance of a tzinfo subclass. The remaining arguments may be ints.

File: c:\users\zc\anaconda3\lib\datetime.py

Type: type

如果不输入必选参数 year，那么运行会报错，报错信息为：TypeError: Required argument 'year' (pos 1)not found。因为 year 为必选参数。

关于函数的必选参数和可选参数，建议读者参阅本书对自定义函数的讲解部分。

```
In[4]     dt.datetime(month=3,day=3,second=59)
          -------------------------------------------
          -----------------------------
          TypeError                    Traceback (most recent call
          last)
          <ipython-input-5-6fbb4e101d77> in <module>()
          ----> 1 dt.datetime(month=3,day=3,second=59)

          TypeError: Required argument 'year' (pos 1) not found
```

minute、hour 为可选参数，可以省略。

In[5]	dt.datetime(year=2018,month=3,day=3,second=59)
Out[5]	datetime.datetime(2018, 3, 3, 0, 0, 59)

4.5.2 转换方法

在人们的日常生活中，表示日期和时间的方式有很多种，如"3th of July,2018""2019-1-3"和"2018-07-03 00:00:00"等。前两种属于非标准格式，不能作为 dt.datetime() 的参数；最后一种属于标准格式，可以作为 dt.datetime() 的参数。

将非标准格式的时间数据转换为标准格式的时间数据的方法有两种：用 dateutil 包中的 parser.parse() 方法，用 pandas 包中的 to_datetime() 方法。

将非标准格式的数据作为 dt.datetime() 的参数会报错：

In[6]	dt.datetime("3th of July,2018")
	--- -------------------------------------
	TypeError Traceback (most recent call last)
	<ipython-input-8-c7659db11b43> in <module>()
	----> 1 dt.datetime("3th of July,2018")
	TypeError: an integer is required (got type str)

报错信息为：TypeError: an integer is required (got type str)。即非标准格式时间数据不能作为 dt.datetime() 的参数。

In[7]	dt.datetime("2019-1-3")
	--- ---------------------------------
	TypeError Traceback (most recent call last)
	<ipython-input-9-c1b53c571977> in <module>()
	----> 1 dt.datetime("2019-1-3")
	TypeError: an integer is required (got type str)

将此类非标准格式的日期数据转换为规范表示的方法有两种：第一种方法是用 dateutil 包中的 parser() 进行日期格式的转换。

```
In[8]        from dateutil import parser
             date= parser.parse("3th of July,2018")
             print(date)
             2018−07−03 00:00:00
```

```
In[9]        date= parser.parse("2019−1−3")
             print(date)
             2019−01−03 00:00:00
```

第二种方法是用 pandas 包中的 to_datetime() 方法进行格式转换。

```
In[10]       import pandas as pd
             pd.to_datetime("3th of July,2018")
Out[10]      Timestamp('2018−07−03 00:00:00')
```

```
In[11]       import pandas as pd
             pd.to_datetime("2019−1−3")
Out[11]      Timestamp('2019−01−03 00:00:00')
```

4.5.3 显示系统当前时间

显示系统当前时间可以使用 datetime.now() 方法，返回当前本地时间。

```
In[12]       dt.datetime.now()
Out[12]      datetime.datetime(2020, 9, 22, 16, 10, 40, 301029)
```

dt.datetime.today() 方法可以返回一个表示当前本地日期时间的 datetime 对象。

```
In[13]       dt.datetime.today()
Out[13]      datetime.datetime(2020, 9, 22, 16, 10, 56, 207388)
```

显示周几的方法在 strftime(String Format Time) 中进行设置。

```
In[14]       now=dt.datetime.now()
             now.strftime("%W"),now.strftime("%a"),now.strftime("%A"),now.
             strftime("%B"),now.strfti
             me("%C"),now.strftime("%D")
Out[14]      datetime.datetime(2020, 9, 22, 16, 10, 56, 207388)
```

其中，参数的大小写所代表的含义不同，如 %a 和 %A 的含义不同。%a 代表本地简化星期名称；%A 代表本地完整星期名称；%b 代表本地简化的月份名称；%B 代表本地完整的月份名称；%c 代表本地相应的日期表示和时间表示；%W 代表一年中的星期数（00 ～ 53）。

4.5.4 计算时差

将两个 datetime 对象直接相减可以计算时差，days 属性为计算单位，结果表示相隔天数：

In[15]	d1=dt.datetime.now() d2=dt.datetime(year=2017,month=3,day=3) (d1−d2).days
Out[15]	1299

4.5.5 时间索引

Pandas 中的时间可以作为索引，利用 DatetimeIndex() 方法就可以实现。

In[16]	index=pd.DatetimeIndex(["2018−1−1","2019−1−2","2018−1−3","2018−1−4","2018−1−5"]) data=pd.Series([1,2,3,4,5],index=index) data
Out[16]	2018−01−01　1 2019−01−02　2 2018−01−03　3 2018−01−04　4 2018−01−05　5 dtype: int64

In[17]	data["2018−1−2"]
Out[17]	Series([], dtype: int64)

筛选出 2018 年的数据：

In[18]	data["2018"]
Out[18]	2018−01−01　1 2018−01−03　3 2018−01−04　4 2018−01−05　5 dtype: int64

也可以在时间为索引的 Series 中进行计算：

In[19]	data− data["2018−1−4"]

```
             2018-01-01   NaN
             2018-01-03   NaN
Out[19]      2018-01-04   0.0
             2018-01-05   NaN
             2019-01-02   NaN
             dtype: float64
```

这些操作后，原有数据不发生改变。

```
In[20]       data
             2018-01-01   1
             2019-01-02   2
Out[20]      2018-01-03   3
             2018-01-04   4
             2018-01-05   5
             dtype: int64
```

to_period() 方法可以将时间戳索引的 Series 和 DataFrame 对象转换为以时期索引的数据。

```
In[21]       data.to_period(freq="D")
             2018-01-01   1
             2019-01-02   2
Out[21]      2018-01-03   3
             2018-01-04   4
             2018-01-05   5
             Freq: D, dtype: int64
```

freq="D" 代表的是时间单位为 day（天）。

freq = "M" 代表的是时间单位为 Month（月）。

```
In[22]       data.to_period(freq="M")
             2018-01   1
             2019-01   2
Out[22]      2018-01   3
             2018-01   4
             2018-01   5
             Freq: M, dtype: int64
```

计算结果如下：

```
In[23]       data- data[3]
             2018-01-01   -3
             2019-01-02   -2
Out[23]      2018-01-03   -1
             2018-01-04   0
             2018-01-05   1
             dtype: int64
```

计算中，日期作为显式 Index，是计算的索引依据，而并不参加计算，参加计算的是这些索引代表的 value。

In[24]	data– data["20180104"]
Out[24]	2018–01–01　NaN 2018–01–03　NaN 2018–01–04　0.0 2018–01–05　NaN 2019–01–02　NaN dtype: float64

4.5.6 period_range() 函数

与 Python 基础语法的 range() 函数和 NumPy 中的 arange() 函数类似，Pandas 中有 period_range() 函数，其主要参数包括：

- freq：代表的是时间单位，Y、M、D 分别代表的是年、月、日。
- periods：代表的是时间单位的个数。
- 第一个参数为起始时间。

In[25]	pd.period_range("2019–1",periods=10, freq="D")
Out[25]	PeriodIndex(['2019–01–01', '2019–01–02', '2019–01–03', '2019–01–04', 　　　　'2019–01–05', '2019–01–06', '2019–01–07', '2019–01–08', 　　　　'2019–01–09', '2019–01–10'], 　　　　dtype='period[D]', freq='D')

In[26]	pd.period_range("2019–1",periods=10, freq="M")
Out[26]	PeriodIndex(['2019–01', '2019–02', '2019–03', '2019–04', '2019–05', '2019–06', 　　　　'2019–07', '2019–08', '2019–09', '2019–10'], 　　　　dtype='period[M]', freq='M')

4.6 数据可视化

Q&A

（1）Python 中如何进行数据可视化？

【答】Python 中有一些可进行数据可视化的包，如 Matplotlib、Seaborn、Pandas、Bokeh、Plotly、Vispy、Vega、gega-lite 等。

（2）如何用 Matplotlib 进行数据可视化？

【答】Python 中利用 Matplotlib 进行数据可视化的主要操作如下：

- 导入包的代码为 import matplotlib.pyplot as plt。
- 设置图片的显示方式：% matplotlib inline 表示静态绘图，指嵌入 Jupyter Notebook 中显示，% matplotlib notebook 表示交互式图，指用户能对图像进行一定的交互操作。
- 绘制不同类型图表的思路为调用不同函数，如 plt.plot() 绘制线图，plt.scatter() 绘制散点图，plt.boxplot() 绘制箱线图等。
- 设置图的名称及坐标名称分别用 plt.title()、plt.xlabel() 和 plt.ylabel()，如 plt.title(" 此处为图名 ")，plt.xlabel("X 轴的名称 ")，plt.ylabel("Y 轴的名称 ")。
- 设置图例的位置用 legend() 方法，如 plt.legend(loc="upper left")。
- 设置横坐标和纵坐标的范围可分别采用 plt.xlim() 和 plt.ylim()，同时定义横坐标和纵坐标可采用 plt.axis()。
- 去掉边界空白的方法是 plt.axis("tight")。
- 同一个窗口上显示多个图的方法是 plt.subplot()。
- 将生成的图片保存下来可以用 plt.savefig()。

（3）如何用 Pandas 进行数据可视化？

【答】用 Pandas 进行数据可视化的方法是 "dataframe 的名称 . 方法名 ()"。以 plot() 函数为例，其参数 kind 的取值决定图的类型，如将 kind 参数的值设置为 "bar" 可绘制纵向柱状图，将 kind 参数的值设置为 "barh" 可绘制横向柱状图，将 kind 参数的值设置为 "kde" 可绘制核密度估计曲线。参数 x、y、color 的取值分别决定图的横坐标、纵坐标和线条颜色。

（4）如何用 Seaborn 进行数据可视化？

【答】在 Python 中利用 Seaborn 进行数据可视化的前提是导入包，即 import seaborn as sns。Seaborn 包提供了各种绘图函数，如 sns.kdeplot()、sns.displot()、sns.pairplot() 等。

4.6.1 Matplotlib 可视化

Matplotlib 包提供了 Matlab 风格的绘图工具，常用模块有两种：

- 绘图 API：pyplot，在 Jupyter Notebook 中通常用于可视化，本书采用的是 matplotlib.pyplot。
- 集成库：pylab，是 Matplotlib 和 SciPy、NumPy 的集成库。

更多函数见 Matplotlib 官网的示例及其源代码：https://matplotlib.org/gallery/index.html。

Matplotlib 包的官方文档见 https://matplotlib.org/3.2.2/contents.html。

Matplotlib 的画图方式可分为两种：inline 和 notebook。

- inline 为静态绘图，嵌入 Jupyter Notebook 中显示。
- notebook 为交互式图，在 Jupyter Notebook 中显示的图可以支持一定的用户交互，如关闭图片显示、缩放图片等。

导入 Matplotlib 包并采用 inline 静态方式绘制图表：

In[1]
```
import matplotlib.pyplot as plt
%matplotlib inline
```

导入数据，以准备数据可视化操作：

In[2]
```
import pandas as pd
women = pd.read_csv('women.csv')
women.head()
```

Out[2]

	Unnamed: 0	height	weight
0	1	58	115
1	2	59	117
2	3	60	120
3	4	61	123
4	5	62	126

从输出结果可以看出，women 中多了一个新列"Unnamed:0"，也就是说，数据在读入过程中发生了变化。因为 pd.read_csv() 在读入数据时自动增加了一个 index 列，即参数 index_col 的默认值为 1。

In[3]
```
women = pd.read_csv('women.csv',index_col =0)
women.head()
```

Out[3]

	height	weight
1	58	115
2	59	117
3	60	120
4	61	123
5	62	126

用 plt.plot() 在二维坐标系上绘图：

In[4]
```
plt.plot(women["height"], women["weight"])
plt.show()
```

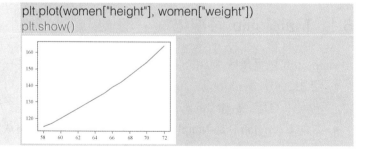

生成一个试验数据集 t，用于后续操作中的可视化处理：

| In[5] | ```import numpy as np
t=np.arange(0.,4.,0.1)
t``` |
|---|---|
| Out[5] | ```array([0. , 0.1, 0.2, 0.3, 0.4, 0.5, 0.6, 0.7, 0.8, 0.9, 1. ,
        1.1, 1.2, 1.3, 1.4, 1.5, 1.6, 1.7, 1.8, 1.9, 2. , 2.1,
        2.2, 2.3, 2.4, 2.5, 2.6, 2.7, 2.8, 2.9, 3. , 3.1, 3.2,
        3.3, 3.4, 3.5, 3.6, 3.7, 3.8, 3.9])``` |

图中显示多个线条的方法为：在 plt.plot() 中写多个参数，参数格式为"x,y1,x,y2,x,y3,x,y4,…"。参数"t,t,t,t+2,t,t**2,t,t+8"的含义为"(t,t),(t,t+2),(t,t**2),(t,t+8)"，每个括号中的分别为 X 轴和 Y 轴，说明同一个 X 对应多个 Y。

| In[6] | ```plt.plot(t,t,t,t+2,t,t**2,t,t+8)
plt.show()``` |
|---|---|

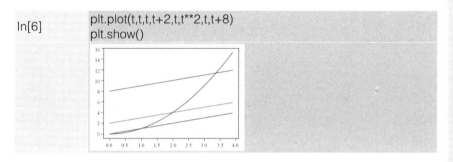

4.6.2　改变图的属性

该参数的更多取值见官网 https://matplotlib.org/3.2.2/contents.html。

通过在 plt.plot() 中增加第三个位置参数的取值，如"o"，可以设置"点"的类型。

| In[7] | ```plt.plot(women["height"], women["weight"],"o")
Plt.show()``` |
|---|---|

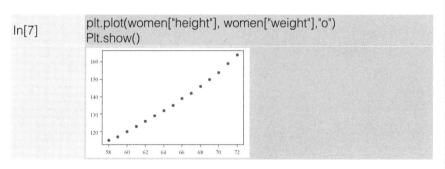

通过修改 plt.plot() 的第三个实参可以设置线的颜色与形状。

| In[8] | ```plt.plot(women["height"], women["weight"],"g--")
plt.show()``` |
|---|---|

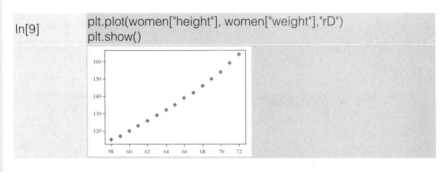

通过设置"rD"可将点的颜色设置为"红色（red），形状设置为钻石（diamond）"。

ln[9]
```
plt.plot(women["height"], women["weight"],"rD")
plt.show()
```

显示汉字的方法为：用 plt.rcParams[] 设置汉字字体。Maplotlib 中，汉字显示经常遇到乱码现象，因为没有设置汉字字体或所设置的汉字字体在本机上未找到。查看本地计算机上的字体集的方法为：import matplotlib.font_manager [f.name for f in matplotlib.font_manager. fontManager.ttflist]。此外，如果坐标系中负号的显示为乱码，那么可以增加一行代码：plt.rcParams['axes.unicode_minus']=False。

ln[10]
```
plt.rcParams['font.family']="SimHei"
plt.plot(women["height"], women["weight"],"g--")
plt.title(" 此处为图名 ")
plt.xlabel("X 轴的名称 ")
plt.ylabel("Y 轴的名称 ")
plt.show()
```

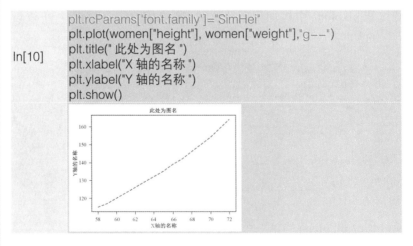

plt.title()、plt.xlabel() 和 plt.ylabel() 分别对应的是图的标题、x 坐标名和 y 坐标名，可以用这三个方法 / 函数分别用来设置图名以及 X/Y 轴

名称的修改。

plt.title()、plt.
xlabel() 和 plt.
ylabel() 的 位 置
必须在 plot() 和
show() 之间。

In[11]

```
plt.rcParams['font.family']="SimHei"
plt.plot(women["height"], women["weight"],"g--")
plt.title(" 此处为图名 ")
plt.xlabel("X 轴的名称 ")
plt.ylabel("Y 轴的名称 ")
plt.show()
```

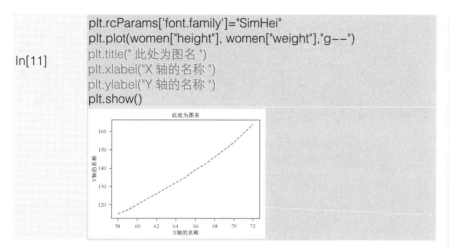

plt.legend(loc = " 位置 ") 可以用来设置图例的位置：

增 加 图 例 方
法：增加参数
label=" 图 例 名
称 "。

In[12]

```
plt.rcParams['font.family']="SimHei"
plt.plot(women["height"], women["weight"],"g--")
plt.title(" 此处为图名 ")
plt.xlabel("X 轴的名称 ")
plt.ylabel("Y 轴的名称 ")
plt.legend(loc="upper left")
plt.show()
```

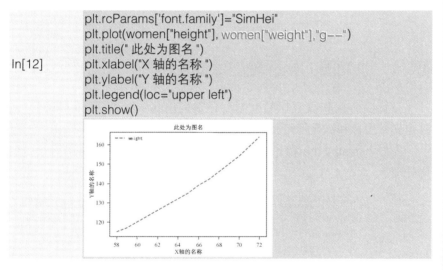

4.6.3　改变图的类型

将 plt.plot() 函数替换为其他函数，如 plt.scatter() 绘制散点图，查看其各种显示效果，在每个示例图上可以查看源代码。

更多函数请参
见 Matplotlib 的
官网。建议访
问 Matplotlib
官网的示例栏
目 （ https://
matplotlib.org/
gallery/index.
html） 。

In[13]

```
plt.scatter(women["height"], women["weight"])
plt.show()
```

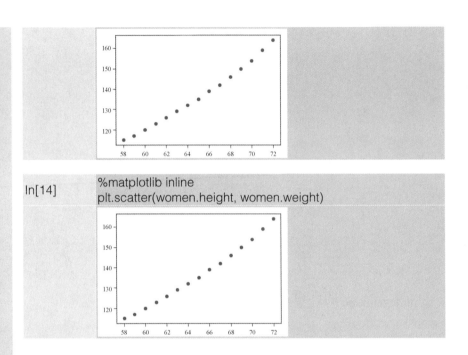

| In[14] | `%matplotlib inline`
`plt.scatter(women.height, women.weight)` |

4.6.4　改变图的坐标轴的取值范围

设置横坐标和纵坐标的范围可分别采用 plt.xlim() 和 plt.ylim()，同时定义横坐标和纵坐标可采用 plt.axis()。

先导入 matplotlib 和 numpy 包，并生成试验数据 x，用于后续可视化处理。

| In[15] | `import matplotlib.pyplot as plt`
`import numpy as np`
`%matplotlib inline`
`x=np.linspace(0,10,100)`

`plt.plot(x,np.sin(x))`
`plt.xlim(11,-2)`
`plt.ylim(2.2,-1.3)` |
| Out[15] | 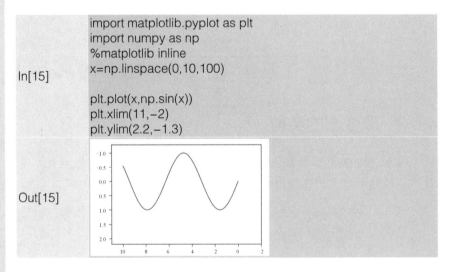 |

其中，"np.linspace(0,10,100)"的功能是返回一个含有 100 个元素且每个元素的取值范围为 [0,10] 的等距离数列。plt.xlim(11,-2) 的含义为"X 轴的取值范围为 [11,-2]"。plt.ylim(2.2,-1.3) 的含义为"Y 轴的取值范围为 [2.2,-1.3]"。

横坐标和纵坐标同时定义的方法为 plt.axis(a1，a2，b1，b2)。其中，a1 和 a2 为 *X* 轴的取值范围，b1 和 b2 为 *Y* 轴的取值范围。

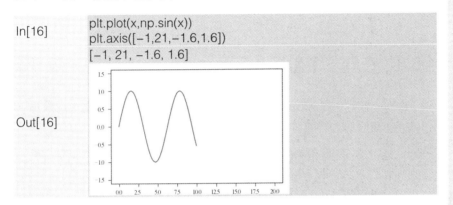

plt.axis("equal") 的含义为 *X* 轴和 *Y* 轴的显示长度比例相等。

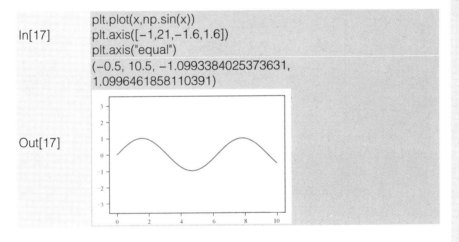

4.6.5 去掉边界的空白

去掉绘图结果中的边界空白的方法为 plt.axis("tight")。

```
plt.plot(x,np.sin(x))
plt.axis([-1,21,-1.6,1.6])
plt.axis("tight")
```
In[18]

(0.0, 10.0, −0.99938455761243572, 0.9996923408861117)

Out[18]

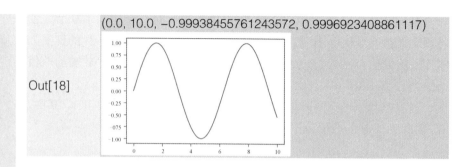

4.6.6 在同一个坐标上画两个图

在同一个坐标上画两个图的方法是分别定义 label（标签），最后一个 plt.legend() 显示多个 labels。

plt.legend() 的含义为显示/增加图例。若没有此行，则 labels 名称将无法显示。

In[19]

```
plt.plot(x,np.sin(x),label="sin(x)")
plt.plot(x,np.cos(x),label="cos(x)")
plt.axis("equal")
plt.legend()
```

<matplotlib.legend.Legend at 0x9f72748>

Out[19]

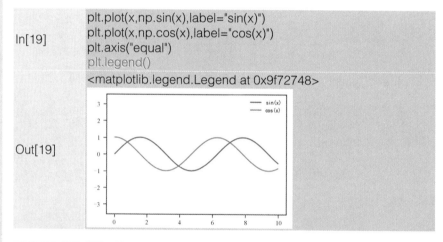

In[20]

```
plt.plot(x,np.sin(x),label="sin(x)")
plt.plot(x,np.cos(x),label="cos(x)")
```

[<matplotlib.lines.Line2D at 0x9fce128>]

Out[20]

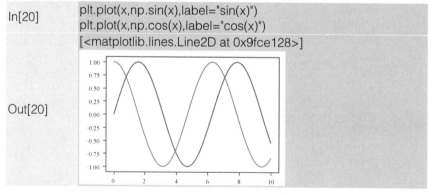

· 204 ·

4.6.7 多图显示

要想在在一张画布同时画多张图，可以使用 subplot() 快速绘制，其调用形式为：subplot(numRows,numCols,plotNum)。前两个参数分别表示图表的整个绘图区域被分成 numRows 行和 numCols 列，plotNum 参数指定接下来的 plot() 的画图位置，即放在第几个子窗口中。例如，plt.subplot(2,3,5) 的含义为"接下来的显示位置是 2×3 个窗口的第 5 个子窗口"，plt.subplot(2,3,1) 的含义为"接下来的显示位置是 2×3 个窗口的第 1 个子窗口"。

建议调用 plt.subplot() 前采用 plt.figure() 设置图片对象的大小（如 plt.figure(figsize=[10,10]），图片大小需要适中，否则显示效果差。

在 plt.subplot() 中，窗口编号是从 1 开始的，并采取"以行优先"的编号方式。

In[21]
```
plt.subplot(2,3,5)
plt.scatter(women["height"], women["weight"])
plt.subplot(2,3,1)
plt.scatter(women["height"], women["weight"])
plt.show()
```

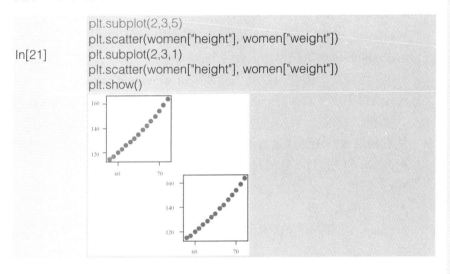

4.6.8 图的保存

Matplotlib 提供的函数可以将生成的图片保存，如 **plt.savefig()**。例如，以 "sagefig.png" 为文件名，保存在"当前工作目录"中：

设置保存分辨率的方法：增设实际参数 dpi，如实际参数 pi=600。

In[22]
```
women = pd.read_csv('women.csv')
plt.plot(women.height, women.weight)
plt.savefig("sagefig.png")
```

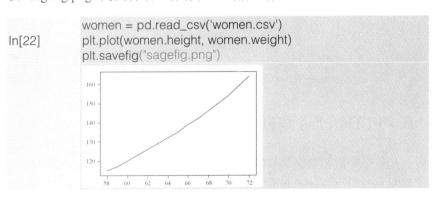

4.6.9　散点图的画法

首先，生成即将用于可视化的试验数据集 X 和 y。生成方法是利用 Python 的 sklearn.datasets.samples_generator 模块提供的函数 make_blobs()。

make_blobs() 可生成符合正态分布的随机数据集。其参数包括：
- n_samples：样本数量，即行数。
- n_features：每个样本的特征数量，即列数。
- centers：类别数。
- random_state：随机数的生成方式。
- cluster_std：每个类别的方差。

make_blobs() 函数的返回值有两个：
- X：特征集，类型为数组，形状为 [n_samples,n_features]
- y：每个成员的标签 (label)，也是个数组，形状为 [n_samples] 的数组

接着利用 plt.scatter() 函数绘制散点图，其参数包括：
- X[:,0] 和 X[:,1]：分别为 x 坐标和 y 坐标。
- c：颜色。
- s：点的大小。
- cmap：色带，是 c 的补充。

X[:,0] 的含义为读取数据框 X 的第 0 列，参见本书 4.3.3 节。

In[23]	`from sklearn.datasets.samples_generator import make_blobs`
	`X,y=make_blobs(n_samples=300,centers=4,random_state=0,`
	`cluster_std=1.0)`
	`plt.scatter(X[:,0],X[:,1],c=y,s=50,cmap="rainbow")`

Out[23]	`<matplotlib.collections.PathCollection at 0x884e208>` 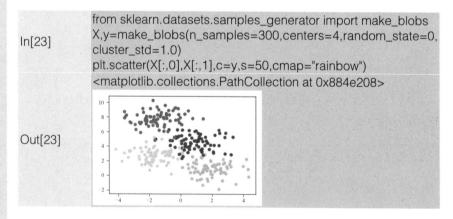

4.6.10　Pandas 可视化

在数据分析和数据科学项目中，还可以直接用 Pandas 的画图函数，它继承和优化了 Matplotlib，使 DataFrame（数据框）类数据的可视化

处理更容易。

Pandas 中可以对数据框进行可视化，即"数据框名 .plot()"。其参数 kind 决定图的类型，kind 的取值见帮助文档。

```
women.plot?
```

In[24]
```
import pandas as pd
women = pd.read_csv('women.csv',index_col =0)
women.plot(kind="bar")
```
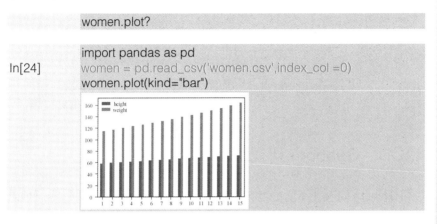

用 Pandas 的方法 read_csv() 将外部文件 women.csv 读入本地数据库 women。

将 kind 参数的值设置为"barh"，可绘制横向柱状图：

In[25]
```
women.plot(kind="barh")
```
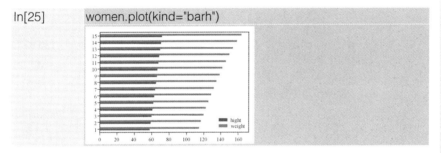

还可以将横轴设置为"height"，纵轴设置为"weight"，并设置颜色为绿色。

In[26]
```
women.plot(kind="bar",x="height",y="weight",color="g")
```
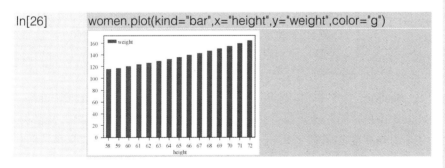

将 kind 参数的值设置为"kde"，可绘制核密度估计曲线：

In[27]
```
women.plot(kind="kde")
```

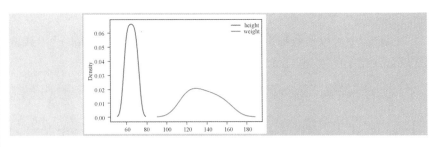

In[28]	women.plot(kind="bar",x="height",y="weight",color="g")

4.6.11　Seaborn 可视化

Seaborn 是基于 Matplotlib 的图形可视化 Python 包，能制作多种具有吸引力的图表。

In[29]	```import pandas as pd import seaborn as sns sns.set(style="ticks") df_women = pd.read_csv('women.csv', index_col=0,header=0) sns.lmplot(x="height", y="weight", data=df_women) <seaborn.axisgrid.FacetGrid at 0x234706d37f0>```
Out[29]	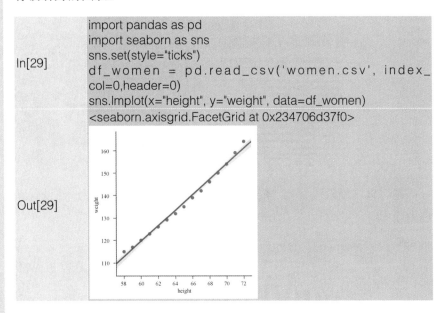

Seaborn 有 5 种主题风格，分别为 darkgrid、whitegrid、dark、white、ticks，sns.set(style="ticks") 表示设置主题风格 ticks。在 Seaborn 中绘制 plot 图的函数名为 lmplot，与 Matplotlib 中的函数名不同，且其调用方式也不同。

在 Seaborn 中绘制核密度估计图（Kernel Density Estimation，KDE）：

In[30]	sns.kdeplot(women.height, shade=True)

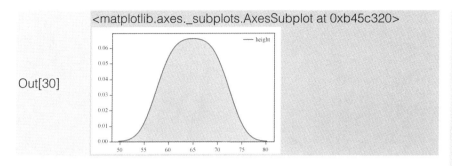

Out[30]

sns.distplot() 的功能为绘制 displot 图。displot 图的功能为"直方图+kdeplot"。

In[31]　sns.distplot(women.height)

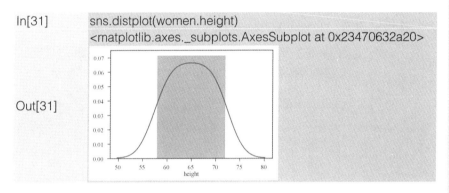

Out[31]

sns.pairplot() 的功能为绘制散点图矩阵。

In[32]　sns.pairplot(women)

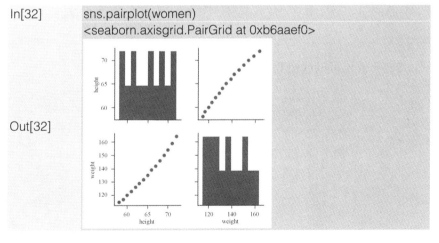

Out[32]

sns.jointplot() 的功能为绘制"联合分布图"。

In[33]　sns.jointplot(women.height,women.weight,kind="reg")

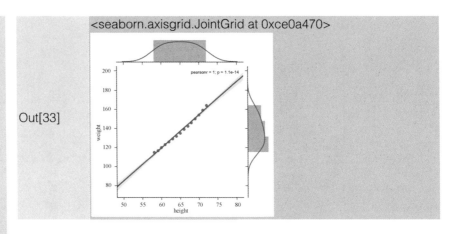

`<seaborn.axisgrid.JointGrid at 0xce0a470>`

Out[33]

还可以加上一个 with 语句，设置图的显示效果：

In[34]
```
with sns.axes_style("white"):
    sns.jointplot(women.height,women.weight,kind="reg")
```

Out[34]

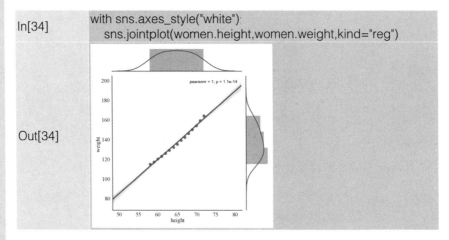

Seaborn 还可以放在 for 语句中，将多个变量画在一起。

In[35]
```
for x in ["height","weight"]:
    plt.hist(women[x], alpha=0.5)
```

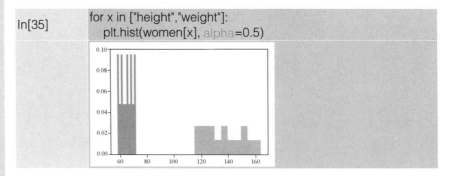

4.6.12　教师工资收入的可视化分析

（1）数据准备

首先查看当前工作目录，并将数据文件 salaries.csv 放在当前工作目录中。

可以在本书配套资源中找到数据文件 salaries.csv。

In[36]	import os os.getcwd()
Out[36]	'C:\\Users\\soloman\\clm'

用 Pandas 的 read_csv() 函数读入文件 salaries.csv 至内存对象 salaries。此处 index_col=0 的含义为，在准备读入的数据文件（salaries.csv）带有索引列，且索引列为位于第 0 列。

读者的"当前工作目录"不一定与本书一样，请以自己 Out[1] 中的显示结果即以下代码的数据结果为准：
import os
os.getcwd()

In[37]	import pandas as pd salaries = pd.read_csv('salaries.csv', index_col=0)

查看内存对象 salaries 的前 6 行，该对象属于 Pandas 的 DataFrame 类型。

In[38]	salaries.head(6)					
		rank	discipline	yrs.since.phd	yrs.service	sex	salary
Out[38]	1	Prof	B	19	18	Male	139750
	2	Prof	B	20	16	Male	173200
	3	AsstProf	B	4	3	Male	79750
	4	Prof	B	45	39	Male	115000
	5	Prof	B	40	41	Male	141500
	6	AssocProf	B	6	6	Male	97000

（2）导入 Python 包

为了实现数据可视化，在此导入 seaborn 模块，并取别名为 sns。

In[39]	import seaborn as sns

（3）可视化绘图

设置 Seanborn 的绘图样式或主题为"darkgrid"（灰色＋网格），然后用 sns.stripplot() 绘制散点图。在 sns.stripplot() 中，参数 data 为数据来源，x 和 y 分别用于设置 X 轴和 Y 轴，jitter 的含义是散点是否有抖动（重叠）；alpha 为透明度。继续绘制用 sns.boxplot() 绘制箱线图，参数 data 为数据来源，x 和 y 分别用于设置 X 轴和 Y 轴。

| In[40] | ```
sns.set_style('darkgrid')
sns.stripplot(data=salaries, x='rank', y='salary', jitter=True,
alpha=0.5)
sns.boxplot(data=salaries, x='rank', y='salary')
``` |
| | `<matplotlib.axes._subplots.AxesSubplot at 0x2a968af3240>` |
| Out[40] | 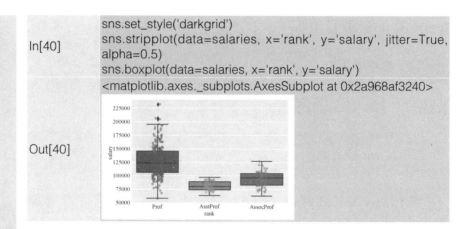 |

小　结

　　本章主要讲解了利用 Python 进行数据准备与加工的一些基础方法和常用技巧。初学者需要重点学习 NumPy、Pandas、Matplotlib 和 Seaborn 包的使用方法，这是完成数据分析的必备技能。初学者还需要了解其他相关模块，如 random、datatime 等，并掌握这些工具包的综合运用能力。本章给出的例题及代码较好地体现了学习过程，建议初学者多练习。

习　题　4

　　（1）import numpy 后，可以利用（　　）函数随机生成一个服从正态分布的实数数组，利用（　　）函数随机生成一个等距离数列。

　　（2）import random 后，（　　）函数可用于设置随机数的种子数；在 import numpy 后，（　　）函数同样可以设置随机数的种子数。

　　（3）写出以下代码的运行结果。

```
import numpy as np
myArray1=np.arange(1,11).reshape([2,5])
myArray2=np.arange(-11,-1).reshape([2,5])
np.add(myArray1,myArray2)
```
```

（4）请写出以下代码的运行结果。

```
import numpy as np
import pandas as pd
mySeries1=pd.Series([1,2,3,4,5], index=["a","b","c","d","e"])
mySeries2=mySeries1.reindex(index=["b","c","a","d","e"])
np.all(mySeries2.values==mySeries1.values)
```

（5）写出以下代码的运行结果。

```
import pandas as pd
df=pd.DataFrame(np.arange(1,21).reshape(5,4))
df.iloc[3,2]
```

（6）写出以下代码的运行结果。

```
import numpy as np
import pandas as pd
df=pd.DataFrame(np.arange(1,21).reshape(5,4))
df.reindex(index=[1,2],columns=[3,4],fill_value=666)
```

（7）写出以下代码的运行结果。

```
import datetime as dt
from dateutil import parser
date= parser.parse("2021-1-1-1:1:1")
print(date)
```

（8）假设已经将包 matplotlib.pyplot 导入并取别名为 plt，请依次写出可添加图名、X 轴名称、Y 轴名称和图例的函数名。

（9）请使用 Pandas 的画图函数，画出如下数据的柱状图，X 轴代表 income，Y 轴代表 expense。

数据来源：http://data.stats.gov.cn/easyquery.htm?cn=E0103

省市区（不含港澳台）	income（收入）	expense（支出）
北京市	57229.83	37425.34
天津市	37022.33	27841.38
河北省	21484.13	15436.99
山西省	20420.01	13664.44
内蒙古自治区	26212.23	18945.54
辽宁省	27835.44	20463.36
吉林省	21368.32	15631.86
黑龙江省	21205.79	15577.48

省市区（不含港澳台）	income（收入）	expense（支出）
上海市	58987.96	39791.85
江苏省	35024.09	23468.63
浙江省	42045.69	27079.06
安徽省	21863.3	15751.74
福建省	30047.75	21249.35
江西省	22031.45	14459.02
山东省	26929.94	17280.69
河南省	20170.03	13729.61
湖北省	23757.17	16937.59
湖南省	23102.71	17160.4
广东省	33003.29	24819.63
广西壮族自治区	19904.76	13423.66
海南省	22553.24	15402.73
重庆市	24152.99	17898.05
四川省	20579.82	16179.94
贵州省	16703.65	12969.62
云南省	18348.34	12658.12
西藏自治区	15457.3	10320.12
陕西省	20635.21	14899.67
甘肃省	16011	13120.11
青海省	19001.02	15503.13
宁夏回族自治区	20561.66	15350.29
新疆维吾尔自治区	19975.1	15087.3

第 5 章 数据分析算法与模型

学习指南

【在数据科学中的重要地位】目前，统计学和机器学习仍为数据分析中数据建模的主流技术，因此掌握基于 Python 的统计学和机器学习编程是数据科学家的基本功。

【主要内容与章节联系】统计学和机器学习知识的涉及面广，本章主要结合 4 个案例深入讲解基于 Python 的统计学和机器学习的基本步骤与常用包。本章内容的学习需要有本书第 1 ～ 4 章中讲解的理论基础和实践积累，以更好地综合运用数据分析中常用的 Python 语言语法和编程技术。

【学习目的与收获】通过本章学习，我们可以掌握数据分析中常用的统计学编程和机器学习编程的知识，为进一步学习数据科学、提升自己的数据分析动手能力奠定基础。

【学习建议】

（1）学习重点

- 基于 Python 的统计学编程步骤与方法。
- 基于 Python 的机器学习编程步骤与方法。

（2）学习难点

- 基于 statsmodels 包的数据分析中常用的数据准备、模型选择、模型优化和结果解读方法。
- 基于 scikit-learn 包的数据分析中常用的数据准备、算法选择、算法优化和结果解读方法。

5.1 基于 Python 的统计学编程

Q&A

（1）常用 Python 统计分析包有哪些？

【答】Python 统计分析包有很多，比较常用的有 statsmodels、

本节主要用 statsmodels 包进行数据分析。

---

statistics、scikit-learn。

（2）什么是"特征矩阵"和"目标向量"？

【答】"特征矩阵"相当于"自变量"，"目标向量"相当于"因变量"。

（3）基于 Python 的统计分析的一般步骤及方法是什么？

【答】如表 5-1 所示。

表 5-1　基于 Python 的统计分析的一般步骤及方法

序　号	步　骤	描　　述
1	业务理解	开展数据分析和数据科学项目的前提
2	数据读入	df_women= pd.read_csv('women.csv', index_col=0)
3	数据理解	df_women.shape df_women.describe() plt.scatter()
4	数据准备	特征矩阵和目标向量的定义 X = df_women["height"] y = df_women["weight"]
5	模型类型的选择与超级参数的设置	import statsmodels.api as sm X_add_const=sm.add_constant(X.to_numpy()) myModel = sm.OLS(y, X_add_const)
6	训练具体模型及其统计量的查看	results = myModel.fit() print(results.summary())
7	用模型进行预测	y_predict=results.predict() y_predict
8	模型评价与统计假定的检验	模型参数评价，如简单线性回归中的决定系数； 统计假定的检验，如简单线性回归分析中需要对存在线性关系等假定进行检验
9	模型的优化与应用	用模型进行预测新数据； 优化模型或选择其他算法

基于 statsmodels 包进行数据分析时，通常涉及两个重要概念——特征矩阵和目标向量。下面以 $y= F(X)$ 为例。

X 为自变量：通常用特征矩阵（Feature_Matrix）表示。特征矩阵的行和列分别称为样本（samples）和特征（features）。在多数 Python 统计分析模块中，特征矩阵应用 NumPy 包的 ndarray 或 Pandas 包的 DataFrame 表示，个别模块支持 SciPy 的稀疏矩阵。

y 为因变量：通常用目标向量（Target Vector）表示，可以用

216

NumPy 包的 ndarray 表示。

5.1.1 女性身高数据的回归分析

1. 业务理解

（1）数据集简介

数据集 women 为 CSV（Comma-Separated Values，逗号分隔值）文件，源自 The World Almanac and Book of Facts（1975），给出了年龄在 30～39 岁之间的 15 名女性的身高（英寸）和体重（磅）数据，如表 5-2 所示。

表 5-2　women 数据集

	weight	height
1	115	58
2	117	59
3	120	60
4	123	61
5	126	62
6	129	63
7	132	64
8	135	65
9	139	66
10	142	67
11	146	68
12	150	69
13	154	70
14	159	71
15	164	72

（2）分析目的

分析女性身高与体重之间的关系，即已知某位女性的身高的情况下，如何预测她的体重。

2. 数据读入

通常，读入数据文件的主要步骤如下。

① 将数据文件 women.csv 存放在当前工作目录下。可以通过调用 os 包的 os.getcwd() 函数查看当前工作目录。

读者可以在本书配套资源中找到数据文件 women.csv。

"C:\\clm\\" 上的工作路径，读者可以根据自己计算机的实际情况，使用 os.chdir() 设置工作路径，并将准备读入的外部文件放在"当前工作目录"中。

In[1]	import os os.getcwd()
Out[1]	'C:\\clm\\'

② 读取数据文件，通常采用 Pandas 的 read_csv() 函数读取 CSV 文件。当调用 Pandas 的 read_csv() 函数读取一个 CSV 文件时，Pandas 将 CSV 文件自动转换为 DataFrame 对象。

df_women 为 Pandas 的 DataFrame 对象的一个实例。

In[2]	import pandas as pd import numpy as np df_women = pd.read_csv('women.csv', index_col=0,header=0)

③ 显示读取内容，可以调用 Pandas 的数据框的 head() 或 tail() 函数显示数据框的内容，并进一步判断是否正确读入数据。

In[3]	df_women.tail(5)		
		height	weight
Out[3]	11	68	146
	12	69	150
	13	70	154
	14	71	159
	15	72	164

3. 数据理解

通常，数据理解需要在业务理解的基础上进行。考虑到本例涉及的业务相对简单，在此不再赘述业务理解问题。在数据分析中，用于数据理解的方法如下。

以下函数和属性的功能与用法，见本书 4.3 节。

（1）查看数据形状

In[4]	df_women.shape
Out[4]	(15, 2)

（2）查看列名

In[5]	df_women.columns
Out[5]	Index(['height', 'weight'], dtype='object')

218

（3）查看描述性统计信息

In[6]   df_women.describe()

Out[6]

	height	weight
count	15.000000	15.000000
mean	65.000000	136.733333
std	4.472136	15.498694
min	58.000000	115.000000
25%	61.500000	124.500000
50%	65.000000	135.000000
75%	68.500000	148.000000
max	72.000000	164.000000

（4）数据可视化

详见本书 4.6 节。

In[7]

```
import matplotlib.pyplot as plt
%matplotlib inline

plt.scatter(df_women["height"], df_women["weight"])
plt.xlabel("height").set_color('red')

plt.tick_params(axis='y', colors='green')
plt.show()
```

Out[7]

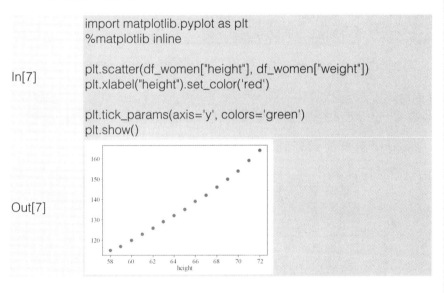

4. 数据准备

从上一步的可视化结果可知，可以进行线性回归分析。为此，我们按照 statsmodels 包中对数据准备的要求，准备线性回归分析所需的特征矩阵（X）和目标向量（y）。

In[8]

```
X = df_women["height"]
y = df_women["weight"]
```

显示自变量 X 的当前值：

In[9]	X	
	1	58
	2	59
	3	60
	4	61
	5	62
	6	63
	7	64
Out[9]	8	65
	9	66
	10	67
	11	68
	12	69
	13	70
	14	71
	15	72
	Name: height, dtype: int64	

通过调用 Python 的内置函数 type() 查看自变量 X 的类型：

In[10]	type(X)
Out[10]	pandas.core.series.Series

显示目标变量 y 的当前值：

In[11]	y	
	1	115
	2	117
	3	120
	4	123
	5	126
	6	129
	7	132
Out[11]	8	135
	9	139
	10	142
	11	146
	12	150
	13	154
	14	159
	15	164
	Name: weight, dtype: int64	

df_women["height"] 与 df_women [["height"]] 的结果是不同的，前者为 Series，后者为 DataFrame。

此处的对象 y 并非我们需要的目标向量，可以用 type(y) 方法查看 y 的数据类型。后续操作中没有报错，因为 tatsmodels 包进行了自动类型转换，但是如果用其他包（如 scikit-learn 等）会报错，需要对 y 进行 np.ravel 转换。

5. 模型类型的选择与超级参数的设置

Python 统计分析中常用的包有 statsmodels、statistics、scikit-learn。本例采用的是包 statsmodels。

In[12]
```
import statsmodels.api as sm
```

给 X 新增一列，列名 const，每行取值 1.0。

In[13]
```
X_add_const=sm.add_constant(X.to_numpy())
X_add_const
```

Out[13]
```
array([[ 1., 58.],
       [ 1., 59.],
       [ 1., 60.],
       [ 1., 61.],
       [ 1., 62.],
       [ 1., 63.],
       [ 1., 64.],
       [ 1., 65.],
       [ 1., 66.],
       [ 1., 67.],
       [ 1., 68.],
       [ 1., 69.],
       [ 1., 70.],
       [ 1., 71.],
       [ 1., 72.]])
```

sm.OLS 函数的前两个形参分别为 endog 和 exog。在包 statsmodels 的开发者看来，"y 和 X 对于这个模型来说分别是内生的（endog）和外生的（exog）"。

In[14]
```
myModel = sm.OLS(y, X_add_const)
```

6. 训练具体模型及查看其统计量

① 模型拟合：调用 .fit() 函数进行模型拟合。

In[15]
```
results = myModel.fit()
```

② 查看模型拟合结果：调用 summary() 函数显示拟合结果。在 summary() 函数的返回结果中可以找到统计建模结果的关键参数，如拟合系数（Coef）、拟合优度（R2，R-squared）、F 值（F-statistic）、DW 统计量（Durbin-Watson）和 JB 统计量 (Jarque-Bera) 及其 p 值。

In[16]
```
print(results.summary())
```

默认情况下，OLS（Ordinary Least Square 普通最小二乘法）不含截距项（intercept），可以通过此转换方式来设置截距项这一超级参数。注意：不要将此行代码写成"X=sm.add_constant(X.to_numpy())"，否则只有第一次执行该 Cell 时才能得到正确结果。当多次执行时，每次执行该 Cell 后，X 的值会不断发生改变。

参见 http://www.statsmodels.org/stable/endog_exog.html。

Dep. Variable:			weight	R-squared:	0.991
Model:			OLS	Adj. R-squared:	0.990
Method:			Least Squares	F-statistic:	1433.
Date:			Mon, 27 Jul 2020	Prob (F-statistic):	1.09e-14
Time:			20:30:06	Log-Likelihood:	-26.541
No. Observations:			15	AIC:	57.08
Df Residuals:			13	BIC:	58.50
Df Model:			1		
Covariance Type:			nonrobust		
	coef	std err	t	P>|t|	[0.025 0.975]
const	-87.5167	5.937	-14.741	0.000	-100.343 -74.691
x1	3.4500	0.091	37.855	0.000	3.253 3.647
Omnibus:			2.396	Durbin-Watson:	0.315
Prob(Omnibus):			0.302	Jarque-Bera (JB):	1.660
Skew:			0.789	Prob(JB):	0.436
Kurtosis:			2.596	Cond. No.	982.

Warnings:
[1] Standard Errors assume that the covariance matrix of the errors is correctly specified.
/Users/python/anaconda3/lib/python3.7/site-packages/scipy/stats/stats.py:1450:
UserWarning: kurtosistest only valid for n>=20 ··· continuing anyway, n=15 "anyway, n=%i" % int(n))

当然，我们可以采用 statsmodels 包提供的其他函数或属性，分别显示上述参数。这里以查看回归系数即斜率和截距项为例。

In[17]	results.params
Out[17]	const -87.516667 x1 3.450000 dtype: float64

7. 拟合优度评价

评价回归直线的拟合优度——计算 $R2$（决定系数）。$R2$ 的取值范围为 $[0,1]$，越接近 1，说明"回归直线的拟合优度越好"。

In[18]	results.rsquared
Out[18]	0.9910098326857506

8. 建模前提假定条件的讨论

通常，统计分析建立在一个或多个"前提假定条件"之上。以简单

在基于统计学方法完成数据分析和数据科学任务时，不仅需要进行模型优度的评价，还需要重点分析统计方法的"应用前提假定"是否成立。

线性回归为例，其主要前提假定条件如下：一是 X 和 y 之间存在线性关系：检验方法为计算 F 统计量；二是残差项（的各期）之间不存在自相关性：检验方法为计算 DurbinWatson 统计量；三是残差项为正态分布的随机变量：检验方法为计算 JB 统计量。

① 查看 F 统计量的 p 值：F 统计量的 p 值，用于检验 X 与 y 之间是否存在线性关系，自变量（X）和因变量（y）之间存在线性关系是"线性回归分析"前提假定之一。

```
In[19]    results.f_pvalue
Out[19]   1.0909729585997406e-14
```

② 显示 Durbin-Watson 统计量：Durbin-Watson 统计量用于检查残差项之间是否存在自相关性，残差项（的各期）之间相互独立是线性回归分析的另一个前提假设。

```
In[20]    sm.stats.stattools.durbin_watson(results.resid)
Out[20]   0.3153803748621831
```

③ 显示 JB 统计量及其 p 值：此函数的返回值有 4 个，分别为 JB 值、JB 的 p 值、峰度和偏度。JB 统计量用于检验残差项是否为"正态分布"，残差项属于正态分布是线性回归分析的前提假设之一。

```
In[21]    sm.stats.stattools.jarque_bera(results.resid)
          (1.6595730644309499,
Out[21]   0.43614237873239226,
          0.7893583826332212,
          2.5963042257390105)
```

④ 用新模型 results 重新进行预测。

```
In[22]    y_predict=results.predict()
          y_predict
          array([112.58333333, 116.03333333, 119.48333333,
          122.93333333,126.38333333, 129.83333333, 133.28333333,
Out[22]   136.73333333,140.18333333, 143.63333333, 147.08333333,
          150.53333333,        153.98333333, 157.43333333,
          160.88333333])
```

9. 模型的优化与重新选择

① 除了 R^2（决定系数）等统计量，可以通过可视化方法更直观地查看回归效果。

| In[23] | ```
plt.rcParams['font.family']="simHei"
plt.plot(df_women["height"], df_women["weight"],"o")
plt.plot(df_women["height"], y_predict)
plt.title(' 女性体重与身高的线性回归分析 ')
plt.xlabel(' 身高 ')
plt.ylabel(' 体重 ')
``` |
|---|---|
| Out[23] | Text(0, 0.5, ' 体重 ')
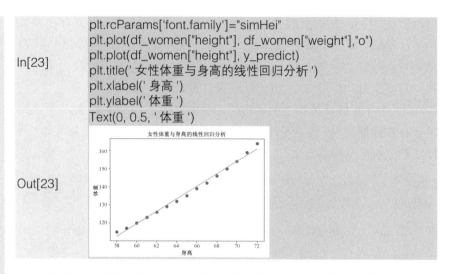 |

② 从输出可以看出，本例用简单线性回归的效果还有待改进，尤其是最左侧和最右侧的数据点并未出现在回归线上。因此，可以考虑采取多项式回归方法。

在多项式分析中，特征矩阵 X 由三部分组成，即 X、X 的平方和 X 的立方。

<div style="float:left; width:20%;">简单线性回归与多项式回归的区别在于此行代码，即数据准备方法不同。其中，np.column_stack() 为 NumPy 包提供的一个函数，主要用于将多个数据框进行合并。</div>

| In[24] | ```
import pandas as pd
import numpy as np
df_women = pd.read_csv('women.csv', index_col=0)
X = df_women["height"]
y = df_women["weight"]
X=np.column_stack((X, np.power(X,2), np.power(X,3)))
X
``` |
|---|---|
| Out[24] | ```
array([[   58,  3364, 195112],
       [   59,  3481, 205379],
       [   60,  3600, 216000],
       [   61,  3721, 226981],
       [   62,  3844, 238328],
       [   63,  3969, 250047],
       [   64,  4096, 262144],
       [   65,  4225, 274625],
       [   66,  4356, 287496],
       [   67,  4489, 300763],
       [   68,  4624, 314432],
       [   69,  4761, 328509],
       [   70,  4900, 343000],
       [   71,  5041, 357911],
       [   72,  5184, 373248]], dtype=int64)
``` |

<div style="float:left; width:20%;">statsmodels 包在默认情况下仅计算斜率，而不计算截距项。如需计算截距项，在数据准备时，在特征矩阵中增加 const 列，该列的值全部为 1。</div>

③ 调用 sm.add_constant() 函数，在特征矩阵中增加 const 列，其目
```

的是保留截距项。

ln[25]
```
X_add_const = sm.add_constant(X)
X_add_const
```

ln[26]
```
myModel_updated = sm.OLS(y, X_add_const)
```

④ 重新拟合模型。

ln[27]
```
results_updated = myModel_updated.fit()
print(results_updated.summary())
```

OLS Regression Results				
Dep. Variable:		weight	R-squared:	1.000
Model:		OLS	Adj. R-squared:	1.000
Method:		Least Squares	F-statistic:	1.679e+04
Date:		Mon, 27 Jul 2020	Prob (F-statistic):	2.07e-20
Time:		20:35:06	Log-Likelihood:	1.3441
No. Observations:		15	AIC:	5.312
Df Residuals:		11	BIC:	8.144
Df Model:		3		
Covariance Type:		nonrobust		

	coef	std err	t	P>|t|	[0.025	0.975]
const	-896.7476	294.575	-3.044	0.011	-1545.102	-248.393
x1	46.4108	13.655	3.399	0.006	16.356	76.466
x2	-0.7462	0.211	-3.544	0.005	-1.210	-0.283
x3	0.0043	0.001	3. 940	0.002	0.002	0.007

Omnibus:	0.028	Durbin-Watson:	2.388
Prob(Omnibus):	0.986	Jarque-Bera (JB):	0.127
Skew:	0.049	Prob(JB):	0.939
Kurtosis:	2.561	Cond. No.	1.25e+09

Warnings:
[1] Standard Errors assume that the covariance matrix of the errors is correctly specified.
[2] The condition number is large, 1.25e+09. This might indicate that there are strong multicollinearity or other numerical problems.

查看斜率及截距项：

ln[28]
```
print(' 查看斜率及截距项 : ',results_updated.params)
```

Out[28]
```
查看斜率及截距项： const   -896.747633
x1       46.410789
x2       -0.746184
x3        0.004253
dtype: float64
```

⑤ 重新预测体重。

In[29]	y_predict_updated=results_updated.predict() y_predict_updated
Out[29]	array([114.63856209, 117.40676937, 120.18801264, 123.00780722,125.89166846, 128.86511168, 131.95365223, 135.18280543, 138.57808662, 142.16501113, 145.9690943 , 150.01585147, 154.33079796, 158.93944911, 163.86732026])

⑥ 可视化重新预测的结果。

In[30]	plt.rcParams['font.family']="simHei" plt.scatter(df_women["height"], df_women["weight"]) plt.plot(df_women["height"], y_predict_updated) plt.title(' 女性身高与体重数据的线性回归分析 ') plt.xlabel(' 身高 ') plt.ylabel(' 体重 ').set_color('red')
Out[30]	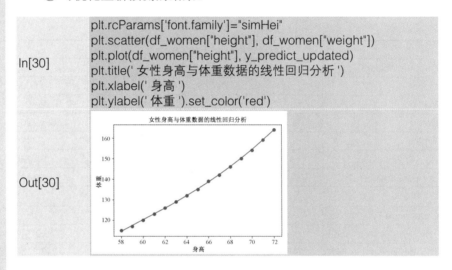

10. 模型的应用

将模型应用于训练集和测试集之外的新数据,如预测身高为 63.5(英寸)的女性的体重(磅)。

In[31]	h=63.5 results_updated.predict((1,h, np.power(h,2), np.power(h,3)))
Out[31]	array([130.39340008])

predict() 方法的实参格式应与训练该模型时的自变量一致。读者可以通过 "results.predict?" 查看更多帮助信息。

5.1.2 广告投放及销售额分析

1. 业务理解

(1)数据集简介

Advertising 数据集包含有关产品在 200 个不同市场中的销售情况的统计信息,以及在每个市场中针对不同媒体渠道(电视,广播和报纸)的广告预算。销售单位是数千个,预算单位是数千美元。

（2）分析数据

- 自变量：广告支出，TV、radio、newspaper。
- 因变量：商品销售额，sales。
- 求解：上三个因素对于商品销售额的回归模型。
- 注：另有 Number 列。

2. 数据读入

调用 Pandas 的 read_csv() 函数，读取数据。

建议读者按照本书 5.1.1 节的方法查看当前工作目录，并将数据文件 Advertising.csv（见本书配套资源）复制到当前工作目录下。

In[32]

```
import pandas as pd
import seaborn as sns
import matplotlib.pyplot as plt
import os
data=pd.read_csv("Advertising.csv",header=0)
data.head()
```

Out[32]

	Number	TV	radio	newspaper	sales
0	1	230.1	37.8	69.2	22.1
1	2	44.5	39.3	45.1	10.4
2	3	17.2	45.9	69.3	9.3
3	4	151.5	41.3	58.5	18.5
4	5	180.8	10.8	58.4	12.9

3. 数据理解

除了采用 5.1.1 节中介绍的统计指标的方式理解数据，我们还可以利用数据可视化方法实现对数据的直观理解。

In[33]

```
sns.pairplot(data, x_vars=['TV','radio','newspaper'], y_vars='sales', height=7, aspect=2, kind='reg')

plt.show()
```

从可视化结果可以看出，三个自变量 TV、radio、newspaper 均对因变量 sales 有显著的关系。

4. 数据准备

按 5.1.1 节中介绍的方法，构建特征矩阵 Data 和目标向量 sales。

In[34]	Data=data.drop(['Number','sales'],axis=1) Data.head()

Out[34]			TV	radio	newspaper
	0	230.1	37.8	69.2
	1	44.5	39.3	45.1
	2	17.2	45.9	69.3
	3	151.5	41.3	58.5
	4	180.8	10.8	58.4

通过调用 Python 的 type() 函数，显示目标向量 sales 的数据类型：

In[35]	sales=data['sales'] type(sales)
Out[35]	pandas.core.series.Series

从显示结果可知，sales 的数据类型为 Pandas 的 Series，而并非数组。因此，采用 NumPy 包的 np.ravel() 函数，将 Pandas 包中的 Series 转换为 NumPy 包中的 ndarray。

np.ravel() 函数的功能为将 Pandas 包中的 Series 转换为 NumPy 包中的 ndarray。

In[36]	import numpy as np sales=np.ravel(sales) type(sales)
Out[36]	numpy.ndarray

5. 模型构建

考虑到编程思路、步骤和代码的相似性，在此不再赘述。如需了解详细内容，请参见本书 5.1.1 节。

采用 5.1.1 节中介绍的方法对模型进行拟合和评价。

In[37]	import statsmodels.api as sm

给 Data 新增一列，列名 X_add_const，每行取值 1.0。

In[38]	X_add_const=sm.add_constant(Data.to_numpy()) X_add_const

Out[38]	array([[1. , 230.1, 37.8, 69.2],
	     [1. , 44.5, 39.3, 45.1],
	     [1. , 17.2, 45.9, 69.3],
	     ......
	     ......
	     ......
	     [1. , 283.6, 42. , 66.2],
	     [1. , 232.1, 8.6, 8.7]])

In[39]	myModel = sm.OLS(sales, X_add_const)

训练具体模型：

```
In[40]    results = myModel.fit()
          print(results.summary())
```

OLS Regression Results

Dep. Variable:		y	R−squared:	0.897
Model:		OLS	Adj. R−squared:	0.896
Method:		Least Squares	F−statistic:	570.3
Date:		Mon, 27 Jul 2020	Prob (F−statistic):	1.58e−96
Time:		21:38:06	Log−Likelihood:	−386.18
No. Observations:		200	AIC:	780.4
Df Residuals:		196	BIC:	793.6
Df Model:		3		
Covariance Type:		nonrobust		

	coef	std err	t	P>|t|	[0.025	0.975]
const	2.9389	0.312	9.422	0.000	2.324	3.554
x1	0.0458	0.001	32.809	0.000	0.043	0.049
x2	0.1885	0.009	21.893	0.000	0.172	0.206
x3	−0.0010	0.006	−0.177	0.860	−0.013	0.011

Omnibus:	60.414	Durbin−Watson:	2.084
Prob(Omnibus):	0.000	Jarque−Bera (JB):	151.241
Skew:	−1.327	Prob(JB):	1.44e−33
Kurtosis:	6.332	Cond. No.	454.

Warnings:
[1] Standard Errors assume that the covariance matrix of the errors is correctly specified.

6. 模型预测

与本书 5.1.1 节的类似，通过调用 statsmodel 包中的 predict() 函数，基于自变量 X 对因变量 y 进行预测。

```
In[41]    y_pred = results.predict(X_add_const)
          y_pred[0:5]
Out[41]   array([20.52397441, 12.33785482, 12.30767078,
          17.59782951, 13.18867186])
```

predict() 函数中的参数应与训练该模型的函数 fit() 的参数的数据结构（或模式信息）必须一致。

7. 模型评价

同理，我们可以用本书 5.1.1 节介绍的模型评价和前提假定的讨论方法。在此，我们用数据可视化方法显示真实值和拟合值之间的差异。

| In[42] | ```
import matplotlib.pyplot as plt

plt.figure()
plt.rcParams['font.family'] = 'simHei'
plt.plot(range(len(y_pred)),y_pred,'blue',label=" 预测值 ")
plt.plot(range(len(y_pred)),sales,'red',label=" 真实值 ")
plt.legend(loc="upper right")
plt.xlabel(" 广告投放地区 ")
plt.ylabel(' 销售额 ')
plt.show()
``` |
|---|---|
| Out[42] | |

5.2 基于 Python 的机器学习编程

Q&A

（1）常用 Python 机器学习包有哪些？

【答】包括 scikit-learn、mlpy、tensorflow、pytorch/ tensorflow/keras/ theano。

本章采用 scikit-learn 包及其对应的可视化包 yellowbrick。

主要用于深度学习。

（2）如何拆分训练集和测试集？

【答】可以调用 scikit-learn 包的函数 train_test_split()，如：

```
from sklearn.model_selection import train_test_split
X_trainingSet,X_testSet,y_trainingSet,y_testSet=train_test_
split(X_data,y_data,randon_state=1)
```

（3）基于 Python 的机器学习的一般步骤及方法是什么？

【答】

表 5-3 基于 Python 的机器学习的一般步骤及方法

序 号	步 骤	描 述
1	业务理解	开展数据分析和数据科学项目的前提
2	数据读入	bc_data= pd.read_csv('data/bc_data.csv', header=0)
```

序 号	步 骤	描 述
3	数据理解	bc_data.shape bc_data.describe() 数据可视化
4	数据准备	数据规整处理 训练集和测试集的拆分
5	算法选择及其超级参数的设置	myModel= KNeighborsClassifier(algorithm='kd_tree')
6	具体模型的训练	myModel.fit(X_trainingSet, y_trainingSet)
7	用模型进行预测	y_predictSet= myModel.predict(X_testSet)
8	模型评价	from sklearn.metrics import accuracy_score print(accuracy_score(y_testSet, y_predictSet))
9	模型的优化与应用	用模型进行预测新数据 优化模型或选择其他算法

5.2.1 威斯康星乳腺癌数据分析及自动诊断

1. 业务理解

（1）数据集简介

数据集 bc_data.csv 为 CSV 文件，数据内容来自威斯康星乳腺癌数据库（Wisconsin Breast Cancer Database），主要记录了 569 个病例的 32 个属性：

- ID：病例的 ID。
- Diagnosis（医生给出的诊断结果）：M 为恶性，B 为良性。该数据集共包含 357 个良性病例和 212 个恶性病例。
- 细胞核的 10 个特征值：radius（半径）、texture（纹理）、perimeter（周长）、面积（area）、平滑度（smoothness）、紧凑度（compactness）、凹面（concavity）、凹点（concave points）、对称性（symmetry）和分形维数（fractal dimension）等。同时，为上述 10 个特征值均提供了三种统计量，分别为均值（mean）、标准差（standard error）和最大值（worst or largest）。

（2）分析目的及任务

理解机器学习方法在数据科学中的应用，运用 kNN 方法进行分类分析。

首先，以随机选择的部分记录为训练集对概念"诊断结果（diagnosis）"进行学习。

https://archive.ics.uci.edu/ml/machine-learning-databases/breast-cancer-wisconsin/

其次，以剩余记录为测试集，进行 kNN 建模。

接着，按 kNN 模型预测测试集的 diagnosis 类型。

最后，将 kNN 模型给出的 diagnosis "机器给出的预测诊断结果"，与数据集 bc_data.csv 自带的 "医生给出的诊断结果" 进行对比分析，验证 KNN 建模的有效性。

2. 数据读入

读者可以从本书配套资源中找到数据文件 bc_data.csv。

数据读入方法与本书 5.1.1 节的相同，在此不再赘述。

① 查看当前工作目录，将数据文件 bc_data.csv 存至当前工作目录。

In[1]	import pandas as pd import numpy as np import os print(os.getcwd())
Out[1]	C:\\clm\\

不同计算机的当前工作目录不同，以此输出为准。

② 调用 Pandas 的 read_csv() 函数，将当前工作目录下的数据文件 bc_data.csv 读取至 Data Frame 对象 bc_data。

header=0 的含义参见本书 "4.3 数据框" 中的讲解。

In[2]	bc_data = pd.read_csv('bc_data.csv', header=0) bc_data.head()

	id	diagnosis	radius_mean	texture_mean	perimeter_mean	...
0	842302	M	17.99	10.38	122.80	...
1	842517	M	20.57	17.77	132.90	...
2	84300903	M	19.69	21.25	130.00	...
3	84348301	M	11.42	20.38	77.58	...
4	84358402	M	20.29	14.34	135.10	...

5 rows × 32 columns

3. 数据理解

数据理解方法与本书 5.1.1 节的相同，在此不再赘述。

① 查看数据形状。

In[3]	bc_data.shape
Out[3]	(569, 32)

② 查看列名。

In[4]	bc_data.columns

Out[4]

```
Index(['id', 'diagnosis', 'radius_mean', 'texture_mean',
'perimeter_mean', 'area_mean', 'smoothness_mean',
'compactness_mean', 'concavity_mean', 'concave points_
mean', 'symmetry_mean', 'fractal_dimension_mean', 'radius_
se', 'texture_se', 'perimeter_se', 'area_se', 'smoothness_
se', 'compactness_se', 'concavity_se', 'concave points_
se', 'symmetry_se', 'fractal_dimension_se', 'radius_worst',
'texture_worst', 'perimeter_worst', 'area_worst', 'smoothness_
worst', 'compactness_worst', 'concavity_worst', 'concave_
points_worst', 'symmetry_worst', 'fractal_dimension_worst'],
dtype='object')
```

③ 查看描述性统计信息。

In[5]

```
bc_data.describe()
```

Out[5]

	id	radius_mean	texture_mean	…
count	5.690000e+02	569.000000	569.000000	…
mean	3.037183e+07	14.127292	19.289649	…
std	1.250206e+08	3.524049	4.301036	…
min	8.670000e+03	6.981000	9.710000	…
25%	8.692180e+05	11.700000	16.170000	…
50%	9.060240e+05	13.370000	18.840000	…
75%	8.813129e+06	15.780000	21.800000	…
max	9.113205e+08	28.110000	39.280000	…
8 rows × 31 columns				

4. 数据准备

机器学习中的数据准备方法与本书 5.1.1 节的区别在于，需要将特征矩阵和目标向量进一步分解成训练集和测试集。sklearn.model_selection 提供了用于训练集和测试集的自动划分函数 train_test_split()。

① 数据加工：本例中删除没有实际意义的 id 项数据，可以考虑直接删除它。

In[6]

```
data = bc_data.drop(['id'], axis = 1)
print(data.head())
```

② 定义特征矩阵。

In[7]

```
X_data = data.drop(['diagnosis'], axis = 1)
X_data.head()
```

axis = 1 的含义为：行数不变；按行为单位计算；逐行计算。

	radius_mean	texture_mean	perimeter_mean	area_mean	smoothness_mean	...
0	17.99	10.38	122.80	1001.0	0.11840	...
1	20.57	17.77	132.90	1326.0	0.08474	...
2	19.69	21.25	130.00	1203.0	0.10960	...
3	11.42	20.38	77.58	386.1	0.14250	...
4	20.29	14.34	135.10	1297.0	0.10030	...

5 rows × 30 columns

③ 定义目标向量：在数据分析与数据科学项目中，可以用内置函数 np.ravel() 进行降维处理。

```
In[8]    y_data = np.ravel(data[['diagnosis']])

         y_data[0:6]
Out[8]   array(['M', 'M', 'M', 'M', 'M', 'M'], dtype=object)
```

④ 测试数据与训练数据的拆分：调用 sklearn.model_selection 中的 train_test_split()。

```
In[9]    from sklearn.model_selection import train_test_split
         X_trainingSet, X_testSet, y_trainingSet, y_testSet = train_test_
         split(X_data, y_data, random_state=1,test_size=0.25)

         X_trainingSet, X_testSet, y_trainingSet, y_testSet = train_test_
         split(X_data, y_data, random_state=1,test_size=0.25)
```

其中，X_trainingSet 和 y_trainingSet 分别为训练集的特征矩阵和目标向量，X_testSet 和 y_testSet 分别为测试集的特征矩阵和目标向量。

⑤ 查看训练集的形状。

```
In[10]   print(X_trainingSet.shape)
Out[10]  (426, 30)
```

⑥ 查看测试集的形状。

```
In[11]   print(X_testSet.shape)
Out[11]  (143, 30)
```

5. 算法选择及其超级参数的设置

① 选择算法：本例选用 kNN，需导入 KNeighborsClassifier 分类器。

```
In[12]   from sklearn.neighbors import KNeighborsClassifier
```

② 实例化算法并设置超级参数：本例需实例化 KNeighborsClassifier，并初始化其超级参数 algorithm。algorithm 参数的含义为计算节点之间的距离，本例采用 kd_tree 算法。

In[13]   myModel = KNeighborsClassifier(algorithm='kd_tree')

6. 具体模型的训练

通过调用 scikit-learn 包提供的 fit() 函数进行具体模型的训练，其中 fit() 函数的参数为训练集：训练集的特征矩阵，X_trainingSet；训练集的目标向量，y_trainingSet。

In[14]   myModel.fit(X_trainingSet, y_trainingSet)
           KNeighborsClassifier(algorithm='kd_tree', leaf_size=30,
Out[14]   metric='minkowski', metric_params=None, n_jobs=None, n_
           neighbors=5, p=2, weights='uniform')

其中，metric 用于设置距离计算方法及其参数（metric_params 和 p），n_jobs 的含义为处理器个数，n_neighbors 为 KNN 算法中的 k 值，weights 为不同类的权重。

7. 用模型进行预测

① 对测试集中的特征矩阵进行预测：将上一步中已训练的具体模型用于测试集中的特征矩阵，预测对应的目标向量。

In[15]   y_predictSet = myModel.predict(X_testSet)

② 查看预测结果。

In[16]   print(y_predictSet)
           ['M' 'M' 'B' 'M' 'M' 'M' 'M' 'M' 'B' 'B' 'B' 'M' 'M' 'B' 'B' 'B' 'B' 'B' 'B'
           'M' 'B' 'B' 'M' 'B' 'M' 'B' 'B' 'M' 'M' 'M' 'M' 'B' 'M' 'B' 'B' 'B' 'M' 'B'
           'B' 'B' 'B' 'B' 'B' 'B' 'M' 'B' 'B' 'M' 'M' 'B' 'B' 'B' 'B' 'B'
Out[16]   'M' 'B' 'B' 'B' 'B' 'B' 'B' 'B' 'B' 'M' 'M' 'M' 'B' 'M'
           'B' 'B' 'B' 'B' 'B' 'B' 'B' 'M' 'B' 'B' 'B' 'B' 'B' 'M'
           'M' 'B' 'B' 'B' 'B' 'B' 'B' 'B' 'M' 'B' 'B' 'B' 'B' 'M'
           'M' 'B' 'M' 'M' 'M' 'B' 'M' 'M' 'M' 'M' 'M' 'B' 'B' 'M'
           'B' 'M' 'M' 'M' 'B' 'B' 'M' 'M' 'B']

③ 查看真实值。

In[17]   print(y_testSet)

```
['B' 'M' 'B' 'M' 'M' 'M' 'M' 'M' 'B' 'B' 'B' 'M' 'M' 'B' 'B' 'B' 'B' 'B' 'B'
 'M' 'B' 'B' 'M' 'B' 'M' 'B' 'B' 'M' 'M' 'M' 'M' 'B' 'M' 'M' 'B' 'B' 'M' 'B'
 'M' 'B' 'B' 'B' 'B' 'M' 'B' 'M' 'B' 'B' 'M' 'M' 'M' 'B' 'B' 'B' 'B' 'B'
 'M' 'B' 'B' 'M' 'B' 'B' 'B' 'B' 'B' 'M' 'B' 'B' 'B' 'B' 'M' 'M' 'B' 'M'
 'M' 'M' 'M' 'B' 'M' 'B' 'M' 'B' 'M' 'B' 'M' 'B' 'M' 'B' 'M' 'B' 'M'
 'M' 'B' 'B' 'M' 'B' 'B' 'B' 'B' 'B' 'B' 'M' 'M' 'B' 'M' 'M' 'B' 'B'
 'M' 'M' 'B' 'B' 'M' 'B' 'B' 'M' 'M' 'B' 'M' 'M' 'B' 'M' 'M' 'B' 'B'
 'M' 'B' 'M' 'M' 'B' 'B' 'B' 'M' 'M' 'B']
```
Out[17]

8. 模型评价

通过导入 scikit-learn 包中的 accaccuracy_score() 函数计算模型的准确率。

accuracy_score() 函数在模块 sklearn.metrics 中。

In[18]
```
from sklearn.metrics import accuracy_score
```

y_testSet 和 y_predictSet 分别为测试集和预测集

In[19]
```
print(accuracy_score(y_testSet, y_predictSet))
```
Out[19] `0.9370629370629371`

9. 模型的应用与优化

有时需要对模型进行优化。如果该模型的准确率可以满足业务需求，那么可以用这个模型进行预测新数据或更多数据，否则需要进一步优化模型参数，甚至替换成其他算法/模型。对于 kNN 算法而言，k 值的选择是优化 kNN 算法的一个关键问题。

① 绘制手肘曲线：采用绘制手肘曲线（Elbow Curve）选择 k 值。分别计算 $k=1 \sim 23$ 时的 kNN 模型的准确率，并放在列表 scores 中。

In[20]
```
from sklearn.neighbors import KNeighborsClassifier

NumberOfNeighbors = range(1,23)

KNNs = [KNeighborsClassifier(n_neighbors=i) for i in
NumberOfNeighbors]

scores = [KNNs[i].fit(X_trainingSet, y_trainingSet).score(X_
testSet, y_testSet) for i in range(len(KNNs))]

scores
```

Out[20]
```
[0.9230769230769231,
 0.9020979020979021,
 0.9230769230769231,
 0.9440559440559441,
 0.9370629370629371,
```

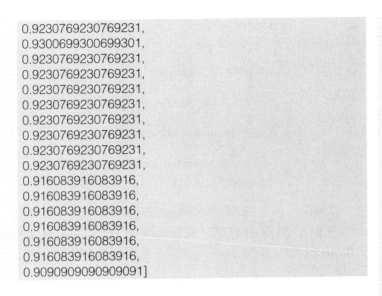

```
0.9230769230769231,
0.9300699300699301,
0.9230769230769231,
0.9230769230769231,
0.9230769230769231,
0.9230769230769231,
0.9230769230769231,
0.9230769230769231,
0.9230769230769231,
0.9230769230769231,
0.916083916083916,
0.916083916083916,
0.916083916083916,
0.916083916083916,
0.916083916083916,
0.916083916083916,
0.9090909090909091]
```

绘制手肘曲线（Elbow Curve）。

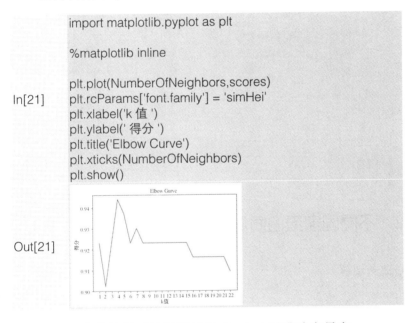

In[21]

```
import matplotlib.pyplot as plt

%matplotlib inline

plt.plot(NumberOfNeighbors,scores)
plt.rcParams['font.family'] = 'simHei'
plt.xlabel('k 值 ')
plt.ylabel(' 得分 ')
plt.title('Elbow Curve')
plt.xticks(NumberOfNeighbors)
plt.show()
```

Out[21]

从手肘曲线的显示结果可以看出，$k=4$ 时准确率最高。

② 将 $k=4$ 带入 kNN 模型，进行重新预测。

In[22]

```
from sklearn.neighbors import KNeighborsClassifier
```

安装 Python 包 yellowbrick 的命令为 pip install yellowbrick。更多内容见 yellowbrick 包官网 https:// www.scikit-yb. org/en/latest/api/ cluster/elbow. html。

In[23]	myModel = KNeighborsClassifier(algorithm='kd_tree',n_neighbors=4) myModel.fit(X_trainingSet, y_trainingSet) y_predictSet = myModel.predict(X_testSet) from sklearn.metrics import accuracy_score print(accuracy_score(y_testSet, y_predictSet))
Out[23]	0.9440559440559441

准确率已提高至 0.9440559440559441。

③ ROC 曲线的绘制：采用面向机器学习的可视化 Python 包 yellowbrick 绘制 ROC 曲线。

In[24]	from yellowbrick.classifier import ROCAUC visualizer = ROCAUC(myModel, classes=["M", "B"]) visualizer.fit(X_trainingSet, y_trainingSet) visualizer.score(X_testSet, y_testSet) visualizer.show()
Out[24]	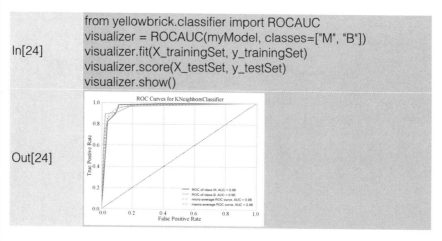

5.2.2 不同国家蛋白质消费结构分析

1. 业务理解

（1）数据集简介

见 http://lib.stat. cmu.edu/DASL/ Datafiles/Protein. html。

Protein 数据集主要描述的是欧洲蛋白质消费情况（Protein Consumption in Europe），给出了欧洲 25 个国家对 9 类食物的消费数据，由 25 行 10 列构成，每行记录代表的是一个国家的蛋白质消费数据。各列的含义依次为：国家名称（Country）、红肉（RedMeat）、白肉（WhiteMeat）、鸡蛋（Eggs）、牛奶（Milk）、鱼肉（Fish）、谷物（Cereals）、淀粉类食品（Starch）、豆类 / 坚果 / 油籽（Nuts）和水果 / 蔬菜（Fr&Veg），如表 5-4 所示。

表 5-4 Protein 数据集

Country	RedMeat	WhiteMeat	Eggs	Milk	Fish	Cereals	Starch	Nuts	Fr&Veg
Albania	10.1	1.4	0.5	8.9	0.2	42.3	0.6	5.5	1.7
Austria	8.9	14.0	4.3	19.9	2.1	28.0	3.6	1.3	4.3
Belgium	13.5	9.3	4.1	17.5	4.5	26.6	5.7	2.1	4.0
Bulgaria	7.8	6.0	1.6	8.3	1.2	56.7	1.1	3.7	4.2
Czechoslovakia	9.7	11.4	2.8	12.5	2.0	34.3	5.0	1.1	4.0
Denmark	10.6	10.8	3.7	25.0	9.9	21.9	4.8	0.7	2.4
E Germany	8.4	11.6	3.7	11.1	5.4	24.6	6.5	0.8	3.6
Finland	9.5	4.9	2.7	33.7	5.8	26.3	5.1	1.0	1.4
France	18.0	9.9	3.3	19.5	5.7	28.1	4.8	2.4	6.5
Greece	10.2	3.0	2.8	17.6	5.9	41.7	2.2	7.8	6.5
Hungary	5.3	12.4	2.9	9.7	0.3	40.1	4.0	5.4	4.2
Ireland	13.9	10.0	4.7	25.8	2.2	24.0	6.2	1.6	2.9
Italy	9.0	5.1	2.9	13.7	3.4	36.8	2.1	4.3	6.7
Netherlands	9.5	13.6	3.6	23.4	2.5	22.4	4.2	1.8	3.7
Norway	9.4	4.7	2.7	23.3	9.7	23.0	4.6	1.6	2.7
Poland	6.9	10.2	2.7	19.3	3.0	36.1	5.9	2.0	6.6
Portugal	6.2	3.7	1.1	4.9	14.2	27.0	5.9	4.7	7.9
Romania	6.2	6.3	1.5	11.1	1.0	49.6	3.1	5.3	2.8
Spain	7.1	3.4	3.1	8.6	7.0	29.2	5.7	5.9	7.2
Sweden	9.9	7.8	3.5	24.7	7.5	19.5	3.7	1.4	2.0
Switzerland	13.1	10.1	3.1	23.8	2.3	25.6	2.8	2.4	4.9
UK	17.4	5.7	4.7	20.6	4.3	24.3	4.7	3.4	3.3
USSR	9.3	4.6	2.1	16.6	3.0	43.6	6.4	3.4	2.9
W Germany	11.4	12.5	4.1	18.8	3.4	18.6	5.2	1.5	3.8
Yugoslavia	4.4	5.0	1.2	9.5	0.6	55.9	3.0	5.7	3.2

本例将要处理的数据文件为用制表符作为分隔符的 protein.txt 文件。

（2）分析目的

不同国家的蛋白质消费结构。

2. 数据读入

① 查看当前工作目录，并将数据文件从本书配套资源复制至当前
工作目中。

In[25]
```
import pandas as pd
import numpy as np
import os
print(os.getcwd())
```

Out[25]   C:\\clm\\

② 调用 Pandas 的 read_table() 函数，读取数据文件 protein.txt 至 Pandas 的 DataFrame 对象 protein。

In[26]
```
protein = pd.read_table('protein.txt', sep='\t')
protein.head()
```

	Country	RedMeat	WhiteMeat	Eggs	Milk	Fish	…
0	Albania	10.1	1.4	0.5	8.9	0.2	…
1	Austria	8.9	14.0	4.3	19.9	2.1	…
2	Belgium	13.5	9.3	4.1	17.5	4.5	…
3	Bulgaria	7.8	6.0	1.6	8.3	1.2	…
4	Czechoslovakia	9.7	11.4	2.8	12.5	2.0	…

3. 数据理解

数据理解方法与本书 5.1.1 节的相同。

① 查看数据形状。

In[27]   `print(protein.shape)`
Out[27] (25, 10)

② 查看列名。

In[28]   `print(protein.columns)`
Out[28] Index(['Country', 'RedMeat', 'WhiteMeat', 'Eggs', 'Milk', 'Fish', 'Cereals', 'Starch', 'Nuts', 'Fr&Veg'], dtype='object')

③ 查看描述性统计信息。

In[29]   `print(protein.describe())`

4. 数据准备

① 特征提取：本例将要实现的是蛋白质消费结构类似国家的聚类，故准备数据需要删除 Country 列。

In[30]   `sprotein = protein.drop(['Country'], axis=1)`

② 数据标准化处理：通过调用 scikit-learn 包提供的 preprocessing. scale() 函数来实现数据标准化处理。

In[31]
```
from sklearn import preprocessing
sprotein_scaled = preprocessing.scale(sprotein)
print(sprotein_scaled[0:3])
```

```
[[ 0.08294065 −1.79475017 −2.22458425 −1.1795703
−1.22503282  0.9348045  −2.29596509  1.24796771
−1.37825141] [−0.28297397  1.68644628  1.24562107
0.40046785 −0.6551106  −0.39505069 −0.42221774
−0.91079027  0.09278868] [ 1.11969872  0.38790475
1.06297868  0.05573225  0.06479116 −0.5252463
0.88940541 −0.49959828 −0.07694671]]
```

5. 模型构建

① 利用肘部法则确定 kMeans 聚类中 k 的取值。

> kMeans 算法 的 结果对 k 值的具 体取值敏感。

In[32]

```
from sklearn.cluster import KMeans
```

分别计算 NumberOfClusters=1 ~ 20 时的 kMeans 模型的准确率，并放在列表 score 中。

> random_state= 10 为设置随机数的 种子数，详见本 书 4.1 节中对随 机数种子数的讲 解。

In[33]

```
NumberOfClusters = range(1, 20)

kmeans = [KMeans(n_clusters=i,random_state=10) for i in
NumberOfClusters]

score = [kmeans[i].fit(sprotein_scaled). score(sprotein_scaled)
for i in range(len(kmeans))]

score
```

Out[33]

```
[−225.00000000000003,
−139.5073704483181,
−110.40242709032154,
−90.41954159596905,
−77.23914668677901,
−63.02676236915098,
−53.42277561717155,
−46.91649082687577,
−41.66871824609166,
−36.27917692689472,
−30.429164116494334,
−27.493229073196748,
−23.776381514729795,
−19.323078192514725,
−16.915248800601976,
−13.476648949999607,
−10.995301496930022,
−8.61897844282252,
−6.711506904938572]
```

绘制手肘曲线：查看 score 随 NumberOfClusters 变化的值。

| In[34] | ```
import matplotlib.pyplot as plt
import matplotlib
matplotlib.rcParams['axes.unicode_minus']=False
%matplotlib inline
plt.plot(NumberOfClusters,score)
plt.xlabel('Number of Clusters')
plt.ylabel('Score')
plt.title('Elbow Curve')
plt.show()
``` |
|---|---|
| Out[34] | 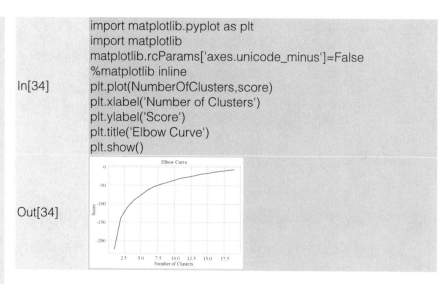 |

图中拐点不明显，可进一步可视化肘部方法。

| In[35] | ```
from yellowbrick.cluster import KElbowVisualizer

model = KMeans(random_state=10)
visualizer = KElbowVisualizer(
    model, k=(2,20), metric='calinski_harabasz', locate_
elbow=True
)

visualizer.fit(sprotein_scaled)
visualizer.show()
``` |
|---|---|
| Out[35] | 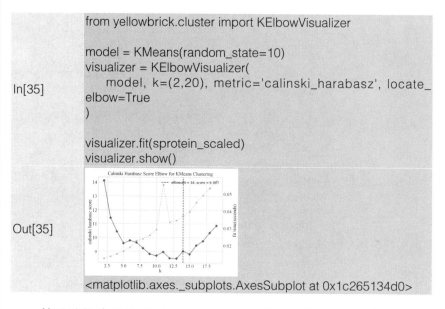
`<matplotlib.axes._subplots.AxesSubplot at 0x1c265134d0>` |

利用肘部法则确定 NumberOfClusters 为 5 （拐点处），故 kMeans 的参数 n_clusters=5。

② 训练具体模型：调用 scikit-learn 包中的 kMeans() 函数生成训练模型。其中，random_state 和 n_clusters 的含义分别为 kMeans 算法中的初始节点的随机选择的种子数和 k 值的取值。

In[36]	`myKmeans =KMeans(random_state=10,n_clusters=5)`

调用 scikit-learn 包中的 fit() 函数进行训练具体模型。

In[37]	myKmeans.fit(sprotein_scaled)
Out[37]	KMeans(algorithm='auto', copy_x=True, init='k-means++', max_iter=200, n_clusters=5, n_init=10, n_jobs=None, precompute_distances='auto', random_state=10, tol=0.0001, verbose=0)

③结果预测：调用 scikit-learn 包的 predict() 函数对特征矩阵 sprotein_scaled 对应的目标向量进行预测。

In[38]	y_kmeans = myKmeans.predict(sprotein_scaled) y_kmeans
Out[38]	array([0, 1, 4, 0, 1, 3, 1, 3, 4, 2, 0, 4, 2, 1, 3, 1, 2, 0, 2, 3, 1, 4, 0, 1, 0], dtype=int32)

6. 结果输出

为了分组显示目的，我们自定义函数 print_kmcluster()：

| In[39] | ```python
def print_kmcluster(k):
    for i in range(k):
        print(' 聚类 ', i)
        ls = []
        for index, value in enumerate(y_kmeans):
            if i == value:
                ls.append(index)
        print(protein.loc[ls, ['Country', 'RedMeat', 'Fish', 'Fr&Veg']])
``` |
|--------|-------------------------------|

```
print_kmcluster(5)
聚类 0
      Country  RedMeat  Fish  Fr&Veg
0     Albania     10.1   0.2     1.7
3     Bulgaria     7.8   1.2     4.2
10    Hungary      5.3   0.3     4.2
17    Romania      6.2   1.0     2.8
22    USSR         9.3   3.0     2.9
24  Yugoslavia     4.4   0.6     3.2
```

| Out[39] | ```
聚类 1
          Country  RedMeat  Fish  Fr&Veg
1         Austria      8.9   2.1     4.3
4   Czechoslovakia    9.7   2.0     4.0
6       E Germany     8.4   5.4     3.6
13     Netherlands    9.5   2.5     3.7
15         Poland     6.9   3.0     6.6
20     Switzerland   13.1   2.3     4.9
23      W Germany    11.4   3.4     3.8
``` |
|--------|-------------------------------|

聚类 2
```
   Country RedMeat Fish Fr&Veg
9   Greece   10.2  5.9   6.5
12   Italy    9.0  3.4   6.7
16 Portugal   6.2 14.2   7.9
18   Spain    7.1  7.0   7.2
```

聚类 3
```
   Country RedMeat Fish Fr&Veg
5  Denmark   10.6  9.9   2.4
7  Finland    9.5  5.8   1.4
14  Norway    9.4  9.7   2.7
19  Sweden    9.9  7.5   2.0
```

聚类 4
```
   Country RedMeat Fish Fr&Veg
2  Belgium   13.5  4.5   4.0
8   France   18.0  5.7   6.5
11  Ireland   13.9  2.2   2.9
21      UK   17.4  4.3   3.3
```

7. 模型评价

In[40]	`clusterer=KMeans(n_clusters=5,random_state=10).fit(sprotein_scaled)`
	`cluster_labels=clusterer.labels_`
	`clusterer.labels_`

Out[40]	`array([0, 1, 4, 0, 1, 3, 1, 3, 4, 2, 0, 4, 2, 1, 3, 1, 2, 0, 2, 3, 1, 4, 0, 1, 0], dtype=int32)`

In[41]	`from sklearn.metrics import silhouette_score,calinski_harabasz_score`
	
	`silhouette_score= silhouette_score(sprotein, cluster_labels)`
	
	`calinski_score=calinski_harabasz_score(sprotein, cluster_labels)`
	
	`silhouette_score,calinski_score, myKmeans.fit(sprotein_scaled).score(sprotein_scaled)`

Out[41]	`(0.25877415617686955, 9.56515314134828, -77.23914668677901)`

小　结

本章通过 4 个实例讲解了基于 Python 的统计分析和机器学习的

基本步骤和主要方法。本章的继续学习建议为：一是结合本章内容复习本书第 1～4 章的内容；二是学习更多的机器学习和统计学方法的原理，并基于 Python 语言将其应用于数据分析问题；三是学习和练习 PyTorch、TensorFlow 等更多的机器学习和统计学的 Python 包及其应用；四是继续学习常用的深度学习算法；五是继续学习基于 Spark 的机器学习，尤其是 MLib 的编程方法和技术。

习 题 5

（1）请选出合适的选项以补全如下代码（　　）：

```
import statsmodels.api as sm
# 设置截距项这一超级参数
（　）
X_add_const
Model = sm.OLS(y, X_add_const)
```

A. X_add_const=sm.add_constant(X)

B. X=sm.add_constant(X)

C. X_add_const=sm.add(X)

（2）（接上题）请在括号处填写合适的代码，以查看回归直线的"斜率"和"截距项"。

```
md=Model.fit()
（　）
```

（3）（接上题）请写出评价回归直线拟合优度（R^2）的命令。

（4）请在括号处填写合适的代码，以进行多项式回归分析。

```
import pandas as pd
import numpy as np
df_women = pd.read_csv('women.csv', index_col=0)
x = df_women["height"]
y = df_women["weight"]
（　）
x_add_const=sm.add_constant(x)
x_add_const
md_sec = sm.OLS(y, x_add_const)
results_sec = md_sec.fit()
print(results_sec.summary())
```

（5）请对 2017 年全国各省市（不含港澳台）"居民消费水平"和"人均 GDP"数据建立回归模型并进行分析。

数据来源 URL：http://data.stats.gov.cn/easyquery.htm?cn=E0103，可自行下载所需的数据。

（6）选择合适的代码补充到横线处，对 quantity 列进行降维处理。

```
import pandas as pd
import numpy as np
import os
data = pd.read_csv('data.csv', header=0)
sort_data = ____(data[['quantity']])
```

A. pd.ravel

B. np.ravel

C. os.ravel

（7）可以用模块 sklearn.model_selection 中的函数 train_test_split() 拆分训练集和测试集。（　　）

A. √

B. ×

（8）计算模型的准确率的方法是：用模块 sklearn.metrics 中的函数（　　）。

（9）用 kNN 进行算法选择和设置超级参数，需要从 sklearn.neighbors 中导入（　　）分类器。

（10）利用 seaborn 的内置数据 iris，根据鸢尾花（iris）的花瓣长度（petal_length）、花瓣宽度（petal_width）、花萼长度（sepal_length）、花萼宽度（sepal_width）数据，通过机器学习建立数据模型，判断鸢尾花的种类。

第6章 自然语言处理与图像处理

学习指南

【主要内容与章节联系】本章主要讲解 Python 自然语言处理与图像处理的基本知识和技能。其中，自然语言处理主要涉及分词处理、词频分析、绘制图云等基本操作；图像处理主要涉及图像文件的读写、图像中的人脸识别、图像显示和存储等基本操作。本章内容的学习需要具备本书第 2 章和第 4 章的基础知识，从而进一步拓展自己的数据分析能力。

【学习目的与收获】通过本章的学习，我们可以掌握数据分析中常用的自然语言处理和图像处理的基本方法，为进一步学习数据分析尤其是非数值型数据的分析奠定基础。

【学习建议】

（1）学习重点

- pynlpir 包和 opencv-python 包的下载、安装与设置。
- 中文分词处理及词性标注。
- 自定义词汇、停用词表的定义与导入。
- 提取关键词方法。
- 关键词云的生成。
- 图像文件的读取与保存。
- 人脸识别与绘制长方形。
- 图像文件的显示。

（2）学习难点

- 中文分词处理及词性标注。
- 自定义词汇、停用词表的定义与导入。
- 关键词云的生成。
- 人脸识别与绘制长方形。

6.1 自然语言处理

Q&A

（1）Python 自然语言处理中常用的包有哪些？

【答】Python 自然语言处理中，英文处理常用的包是 NTLK 和 spaCy，中文处理常用的包是 pynlpir（NLPIR 汉语分词系统）和 Jieba（中文分词工具）。

（2）自然语言处理中常用的函数有哪些？

【答】用 Python 进行自然语言处理之前需要先打开分词器，打开分词器的代码为：

```
import pynlpir as pynlpir
pynlpir.open()
```

分词处理用到的函数为 pynlpir.segment()，自定义词汇用到的函数为 pynlpir.nlpir.AddUserWord()，停用词处理建议自行编写代码，获得关键词用到的函数为 pynlpir.get_key_words()。

（3）如何生成词云？

【答】生成词云常用的包是 wordcloud，常用函数有 wc.generate()、plt.imshow()、plt.axis() 和 plt.show()。

6.1.1 自然语言处理的常用包

由于中、英文的差异性，Python 自然语言处理中采用的自然语言处理包有所不同。英文自然语言处理中常用的包为 NLTK（Natural Language Toolkit）、TextBlob 和 spaCy（Industrial-Strength Natural Language Processing），中文自然语言处理中常用的包有 pynlpir（NLPIR 汉语分词系统）和 Jieba（"结巴"中文分词工具）。

本书以中文自然语言处理工具 pynlpir 为例，对 2017 年央视春晚主持人主持词进行文本分析，分析目的为分析央视春晚主持人用词特点。2017 央视春晚主持人主持词文件名为"2017.txt"，读者可以从本书提供的资源中找到此文件。

6.1.2 自然语言处理的包导入与设置

首先，需要下载并导入包 pynlpir。

pynlpir 的 GitHub 地址为 https://github.com/tsroten/pynlpir/issues，可以从该 GitHub 地址查阅 pynlpir 的官方文档。

下载命令为 pip install pynlpir 如果从 PIP 官网下载速度很慢，建议用 PIP 的国内镜像站点。

```
In[1]          import pynlpir as pynlpir
```

同时，导入数据分析过程中需要的其他包，包括 NumPy、Pandas、Matplotlib 和 Seaborn。

分别参见本书 4.2 节、4.3 节和 4.4 节。

```
In[2]          import numpy as np
               import pandas as pd
               import matplotlib.pyplot as plt
               import seaborn as sns
```

统一设置图形显示方式，将图形静态显示在 Jupyter Notebook/Lab 中。

参见本书 4.4 节。

```
In[3]          %matplotlib inline
```

6.1.3 数据读入

建议读者将数据文件 2017.txt 复制至当前工作目录下，并用 Python 的内置函数 open() 将文本内容读入至数据对象变量 text。同时，将数据文件 2017.txt 中的段落分割标志（"\n"）替换成空字符（""）。open() 函数的返回值的数据类型为字符串，可查看字符串 text 的前 150 个字符来判断是否已顺利读入文本数据。

查看当前工作目录的 Python 代码为：import os os.getcwd()。

```
In[4]          text=open('2017.txt', 'r').read().replace('\n','')
               text[:150]

Out[4]         ' 主持人：中国中央电视台！主持人：中国中央电视台！主持
               人：此刻我们在北京中央电视台一号演播大厅向全球现场直
               播《2017 年春节联欢晚会》。主持人：春回大地百花艳，节
               至人间万象新，一年一度的春节联欢晚会又一次如约而至。
               主持人：连续举办 34 年的央视春晚，已经成为伴随 13 亿中
               华儿女和全球华人辞旧迎新的新年俗。'
```

open() 函数的返回值为字符串。此处，'r' 的含义为以"只读"方式打开文件。

6.1.4 分词处理

首先，调用 pynlpir 包的 open() 函数打开并初始化一个分词器。

open() 方法的功能为初始化 NLPIR API，如授权码、字符串编码方法、数据文件的路径等。

```
In[5]          pynlpir.open()
```

其次，调用 pynlpir 包的 segment() 函数进行探索性分词并显示结果中的前 20 项。segment() 的主要参数及其含义如下：

- pos_tagging：是否带有词性标注（speech tagging），默认为 True。

该函数需要 NLPIR 的授权码，否则报错 LicenseError: The NLPIR license appears to be missing or expired。读者可以在 NLPIR 的 GitHub 上找到免费的临时试用授权文件。

· 249 ·

- pos_names：词性名称的返回方式，parent 为基本分类，child 为详细分类。
- pos_english：词性名称是否用英文表示，默认为 False。

In[6]
```
pynlpir.segment(text,pos_names='parent',pos_english=False)
[:20]
```

Out[6]
```
[(' 主持人 ', ' 名词 '),
(' ： ', ' 标点符号 '),
(' 中国 ', ' 名词 '),
(' 中央电视台 ', None),
(' ！ ', ' 标点符号 '),
(' 主持人 ', ' 名词 '),
(' ： ', ' 标点符号 '),
(' 中国 ', ' 名词 '),
(' 中央电视台 ', None),
(' ！ ', ' 标点符号 '),
(' 主持人 ', ' 名词 '),
(' ： ', ' 标点符号 '),
(' 此刻 ', ' 代词 '),
(' 我们 ', ' 代词 '),
(' 在 ', ' 介词 '),
(' 北京 ', ' 名词 '),
(' 中央电视台 ', None),
(' 一 ', ' 数词 '),
(' 号 ', ' 量词 '),
(' 演播 ', ' 动词 ')]
```

数据分析很难做到一次性完成，有时需要进行探索性分析，不断优化分析策略和调整分析参数。

通过以上初步的探索性分词，我们可发现在使用 segment() 函数进行直接分词时存在如下问题：

①分词问题：某些词的分词不准确，如"央视"，需要自定义词汇。

②停用词问题：需要排除个别词语，如"主持人："，需要处理停用词。

③缺少字段"年份"：需要将每个分词中标注年份。

因此，我们需要进一步优化 segment() 函数的分词效果，并解决以上 3 个问题。

6.1.5 自定义词汇

分词不准问题可以通过添加自定义词汇的方式实现，pynlpir 包中的自定义词汇函数为 nlpir.AddUserWord()。

篇幅所限，仅显示部分自定义词汇的添加方法，更多自定义词汇可以根据业务需要用相同方法编写代码。

| In[7] | ```
pynlpir.nlpir.AddUserWord(' 央视 '.encode('utf8'),'noun')
pynlpir.nlpir.AddUserWord(' 主持人： '.encode('utf8'),'noun')
pynlpir.nlpir.AddUserWord(' 观众朋友们 '.encode('utf8'),'noun')
pynlpir.nlpir.AddUserWord(' 春联 '.encode('utf8'),'noun')
pynlpir.nlpir.AddUserWord(' 一 号 演 播 大 厅 '.encode('utf8'),'noun')
pynlpir.nlpir.AddUserWord(' 综合频道 '.encode('utf8'),'noun')
pynlpir.nlpir.AddUserWord(' 综艺频道 '.encode('utf8'),'noun')
pynlpir.nlpir.AddUserWord(' 中 文 国 际 频 道 '.encode('utf8'),'noun')
pynlpir.nlpir.AddUserWord(' 军 事 农 业 频 道 '.encode('utf8'),'noun')
pynlpir.nlpir.AddUserWord(' 少儿频道 '.encode('utf8'),'noun')
``` |
| Out[7] | 1 |

再次用 segment() 函数对数据进行重新分词，查看是否需要更新自定义词汇表。

| In[8] | ```
pynlpir.segment(text,pos_names='parent',pos_english=False)
[:20]
``` |
| Out[8] | ```
[(' 主持人： ',' 名词 '),
(' 中国 ',' 名词 '),
(' 中央电视台 ', None),
(' ！ ',' 标点符号 '),
(' 主持人： ',' 名词 '),
(' 中国 ',' 名词 '),
(' 中央电视台 ', None),
(' ！ ',' 标点符号 '),
(' 主持人： ',' 名词 '),
(' 此刻 ',' 代词 '),
(' 我们 ',' 代词 '),
(' 在 ',' 介词 '),
(' 北京 ',' 名词 '),
(' 中央电视台 ', None),
(' 一号演播大厅 ',' 名词 '),
(' 向 ',' 介词 '),
(' 全球 ',' 名词 '),
(' 现场 ',' 处所词 '),
(' 直播 ',' 动词 '),
(' 《 ',' 标点符号 ')]
``` |

可知，已成功地将自定义词汇导入至词汇表，并解决分词不准的问题。因此，我们对 2017 年春晚主持词数据进行分词，并将分词结果存放至一个新的列表 words 中。

除了调用函数 AddUserWord() 逐一定义自定义词汇，我们还可以调用函数 pynlpir.nlpir.ImportUserDict()，将文件中的自定义词汇统一导入。

pynlpir.segment() 函数的返回结果为列表，但列表的每个元素为元组。
```

学会这种先定义
一个空结构再补
充内容（取值）
的思路。

extend() 与 append()
不同，参见本书
2.3 节。

year_words[j] 为元
组，无法追加年
份，所以将其转
换为列表（list）。

append() 是列表
的一个方法，参
见本书 2.3 节。

In[9]	

```
words = []
year=2017
year_words = []
year_words.extend(pynlpir.segment(text,pos_names='parent',
pos_english=False))

for j in range(len(year_words)):
    ls_year_words=list(year_words[j])
    ls_year_words.append(year)
    words.append(ls_year_words)

words[2:13]
```

Out[9]	

```
[[' 中央电视台 ', None, 2017],
 [' ！ ', ' 标点符号 ', 2017],
 [' 主持人： ', ' 名词 ', 2017],
 [' 中国 ', ' 名词 ', 2017],
 [' 中央电视台 ', None, 2017],
 [' ！ ', ' 标点符号 ', 2017],
 [' 主持人： ', ' 名词 ', 2017],
 [' 此刻 ', ' 代词 ', 2017],
 [' 我们 ', ' 代词 ', 2017],
 [' 在 ', ' 介词 ', 2017],
 [' 北京 ', ' 名词 ', 2017]]
```

此处，year_words 的数据类型为列表（List），但是其中包含的每个元素的数据类型为元组，即 years_words 的内容为 [(' 主持人： ',' 名词 '), (' 中国 ',' 名词 '),…]。Python 中的元组是一种不可变对象，无法修改，需要事先将其转换成列表并在词性标注中增加"年份"列。

参见本书 2.3 节。

然后，调用 pandas 包的 pd.DataFrame() 函数将列表 words 转换为数据框对象 df_words，并设置列名依次为"词汇"、"词性"和"年份"。

In[10]	

```
df_words = pd.DataFrame(words,columns=[" 词汇 "," 词性 "," 年
份 "])
df_words.head(10)
```

Out[10]	

	词汇	词性	年份
0	主持人：	名词	2017
1	中国	名词	2017
2	中央电视台	None	2017
3	！	标点符号	2017
4	主持人：	名词	2017
5	中国	名词	2017
6	中央电视台	None	2017
7	！	标点符号	2017
8	主持人：	名词	2017
9	此刻	代词	2017
10	我们	代词	2017

最后查看数据框的行数，即词数。

计算行数的方法有多种，如 df_words.shape[0]，df_words.shape，，df_words.info 等。

```
In[11]     df_words.index.size
Out[11]    6473
```

6.1.6 停用词处理

首先，调用 Python 内置函数 open()，将停用词表 stopwords.txt 的内容读入字符串对象 stopwords。

读者可以从本书配套资源中找到文件 stopwords.txt。

```
In[12]     stopwords= open('CCTVSpringFestvialGala\stopwords.txt').
           read()
           stopwords[:20]
Out[12]    ' 主持人 :\n 主持人：\n 主持词 \n(\n ( \n？ \n'
```

其次，自己编写 Python 代码，从 df_words 中将停用词表中的词汇过滤掉。

df_words.shape[0] 代表的是行数。

inplace=True 的含义为修改数据本身，即就地修改。

```
In[13]     for i in range(df_words.shape[0]):
             if(df_words. 词汇 [i] in stopwords):
               df_words.drop(i,inplace=True)
             else:
               pass
```

接着，用 Pandas 的 head() 函数查看停用词过滤后的数据框 df_words 的前 10 行。

从结果看出，"主持人"等停用词表中出现的词汇已经从数据框 df_words 中删除。

In[14]   df_words.head(10)

Out[14]

	词汇	词性	年份
1	中国	名词	2017
2	中央电视台	None	2017
5	中国	名词	2017
6	中央电视台	None	2017
9	此刻	代词	2017
10	我们	代词	2017
12	北京	名词	2017
13	中央电视台	None	2017
14	一号演播大厅	名词	2017
15	向	介词	2017

最后，通过 Pandas 包提供的 shape 属性，查看停用词处理后的词数。

```
In[15]     df_words.shape[0]
Out[15]    3976
```

可见，经停用词处理后，分词处理结果中的词数从 6473 下降到 3976。

6.1.7 词性分布分析

首先，创建新数据框 df_WordSpeechDistribution，并统计 2017 央视春晚主持词的词性分布。

value_counts() 函数的返回值为 Pandas 包中的 Series 类型，value_counts() 的主要功能是计数并按降序排序（ascending=False）。

In[16]	df_WordSpeechDistribution = pd.DataFrame(df_words[' 词性 '].value_counts(ascending=False)) df_WordSpeechDistribution.head(10)

	词性
名词	1248
动词	963
代词	315
形容词	266
副词	213
量词	199
时间词	181
数词	180
介词	94
方位词	65

调用 rename() 函数修改以上数据框的列名，将原"词性"列的名称改为"频数"。其中，rename() 函数的参数为：inplace 表示是否修改数据框本身，columns = {" 旧名称 1": " 新名称 1", " 旧名称 2": " 新名称 2",…}。

rename() 与 reindex() 不同，后者不改变名称。

In[17]	df_WordSpeechDistribution.rename(columns={' 词性 ':' 频数 '},inplace=True) df_WordSpeechDistribution.head()

Out[17]		频数
	名词	1248
	动词	963
	代词	315
	形容词	266
	副词	213

再次查看数据框 df_WordSpeechDistribution 的行数，注意是否等于 df_words.shape[0]。

In[18]	df_WordSpeechDistribution[' 频数 '].sum()
Out[18]	3965

从以上输出结果可知，df_WordSpeechDistribution 的行数没有发生变化。接着，为数据框 df_WordSpeechDistribution 增设一个新列"百分比"。

In[19]

```
df_WordSpeechDistribution['百 分 比'] = df_
WordSpeechDistribution['频数'] / df_WordSpeechDistribution['频
数'].sum()
df_WordSpeechDistribution.head(10)
```

Out[19]

	频数	百分比
名词	1248	0.314754
动词	963	0.242875
代词	315	0.079445
形容词	266	0.067087
副词	213	0.053720
量词	199	0.050189
时间词	181	0.045649
数词	180	0.045397
介词	94	0.023707
方位词	65	0.016393

最后，调用 Matplotlib 包的 plot() 函数，绘制出现频数最高的 10 个词性类别分布图。

In[20]

```
plt.subplots(figsize=(7,5))
df_WordSpeechDistribution.iloc[:10]['频数'].plot (kind='barh')
plt.yticks(size=10)
plt.xlabel('频数',size=10)
plt.ylabel('词性',size=10)
plt.title('2017 央视春晚主持人（主持词）词性分布分析')
Text(0.5,1,'2017 央视春晚主持人（主持词）词性分布分析')
```

.iloc[] 的含义为隐式索引。

Out[20]

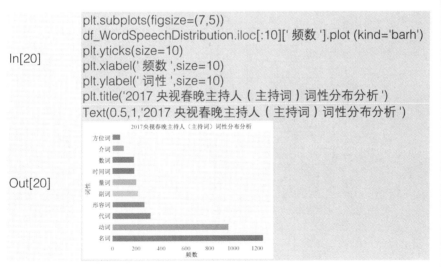

6.1.8 高频词分析

创建列表 columns_slected，并定义 6 个主要词性列表。定义 6 类词性统计数据框 df_Top6，统计 6 大词性类别的具体内容，并保存到数据 df_Top6 框中。其中，value_counts() 的功能为按值的频次进行计数，其返回值类型为 Pandas 的 Series。reset_index() 的功能为将 Pandas 的 Series 改为数据框（Data Frame）。然后查看数据框 df_Top6 的前 10 行。

In[21]

```
columns_slected=['动词','动词计数','名词','名词计数','代词','
代词计数','助词','助词计数','副词','副词计数','形容词','形
容词计数']

df_Top6 = pd.DataFrame(columns=columns_slected)

for i in range(0,12,2):
    df_Top6[columns_slected[i]] = df_words.loc[df_words['
词性']==columns_slected[i]]['词汇'].value_counts().reset_
index()['index']
    df_Top6[columns_slected[i+1]] = df_words.loc[df_words['
词性']==columns_slected[i]]['词汇'].value_counts().reset_
index()['词汇']

df_Top6.head(10)
```

Out[21]

	动词	动词计数	名词	名词计数	代词	代词计数
0	要	23	中国	27	我们	100.0
1	到	22	福	27	我	34.0
2	请	20	朋友	22	这	32.0
3	来	18	观众	18	大家	23.0
4	看	14	航天员	17	你	16.0
5	说	14	观众朋友们	17	您	9.0
6	感谢	12	舟	14	此刻	8.0
7	带	11	全国	14	每	7.0
8	会	10	字	14	这里	7.0
9	过年	9	神	14	各族	7.0

	助词	助词计数	副词	副词计数	形容词	形容词计数
0	着	16.0	不	22.0	好	23.0
1	过	12.0	最	13.0	新	19.0
2	之	11.0	更	12.0	大	15.0
3	得	10.0	就	11.0	老	11.0
4	地	5.0	还	9.0	幸运	11.0
5	等	1.0	正	9.0	伟大	10.0
6	连	1.0	将	8.0	欢乐	9.0
7	NaN	NaN	再	8.0	美好	6.0
8	NaN	NaN	正在	7.0	深	5.0
9	NaN	NaN	又	7.0	小	4.0

6.1.9　词频统计

调用 Pandas 的 head() 函数查看数据框 df_words 的前 5 行。

In[22]	df_words.head()			

	词汇	词性	年份
1	中国	名词	2017
2	中央电视台	None	2017
5	中国	名词	2017
6	中央电视台	None	2017
9	此刻	代词	2017

Out[22] 为上表。

只保留 df_words() 的"年份"和"词汇"两列，并转换格式成数据框对象 df_AnnaulWords。

In[23]
```
df_AnnaulWords=df_words[[" 年份 "," 词汇 "]].pivot (columns="
年份 ", values=" 词汇 ")
df_AnnaulWords.head()
```

方 法 pivot() 的功能为生成新的透视表。

Out[23]

年份	2017
1	中国
2	中央电视台
5	中国
6	中央电视台
9	此刻

为了方便继续数据处理，需要把 NaN 值替换成 0。其中，inplace = True 的含义为"就地修改"，即 fillna() 直接修改数据对象 df_AnnaulWords 本身。

In[24]
```
df_AnnaulWords.fillna(0,inplace=True)
df_AnnaulWords.head()
```

Out[24]

年份	2017
1	中国
2	中央电视台
5	中国
6	中央电视台
9	此刻

创建新数据框 df_AnnualTopWords，用于保存统计词频的具体内容。第 0 行数据是 0，需要排除。

In[25]
```
df_AnnualTopWords=pd.DataFrame(columns=[2017])
df_AnnualTopWords[2017]=df_AnnaulWords[2017].value_
counts().reset_index()["index"]
df_AnnualTopWords[1:].head(10)
```

["index"] 的目的是，"只保留 index 部分，因为还有一个频次列"。

	1	春
	2	我
	3	这
	4	们
Out[25]	5	年
	6	中国
	7	福
	8	好
	9	来
	10	要

6.1.10　关键词分析

定义一个新数据框对象 df_annual_keywords，用于保存关键词提取结果。由于 pynlpir 包的关键词提取函数 pynlpir.get_key_words() 要求的输入参数为字符串，我们需要将数据框 df_AnnualTopWords 的 2017 列拼接成（join）字符串。再查看年度前 10 位关键词。

join() 方法的功能为拼接字符串。

In[26]	df_annual_keywords = pd.DataFrame(columns=[2017]) df_annual_keywords[2017]=pynlpir.get_key_words(' '.join(df_AnnualTopWords[2017].astype('str'))) df_annual_keywords.head(10)

		2017
	0	杨利伟
	1	姜昆
	2	@春晚
	3	中国
Out[26]	4	世界
	5	人心
	6	观众朋友们
	7	央视
	8	传祺
	9	央视网

6.1.11　生成词云

在个别 PC 上，wordcloud 的安装可能需要下载 Microsoft Visual C++ 14.0，下载 URL 为 http://landinghub.visualstudio.com/visual-cpp-build-tools，选择 Standalone Compiler 即可。

本节调用 Python 包 wordcloud 生成词云，需要下载、安装并导入包 wordcloud。下载和安装方法为在 Anaconda Prompt 中输入命令 pip install wordcloud。此外，词云的背景图可以用 Python 的 imageio 包的 imread() 函数读入。

| In[27] | `from wordcloud import WordCloud,ImageColorGenerator`
`from imageio import imread` |

由于 Wordcloud 包的生成词云函数 wc.generate() 的参数必须为字符串，我们需要从 df_words 的"词汇"列单独提取，并用 join() 函数拼接在一起。

| In[28] | `myText=' '.join(df_words. 词汇 )`
`myText[:20]` |
| Out[28] | `' 中国 中央电视台 中国 中央电视台 此刻 '` |

调用 imageio 包的 imread() 函数读入背景图片文件 host2.jpg。

读者可以从本书配套资源中下载图片 host2.jpg。

| In[29] | `bg_pic = imread('host2.jpg')` |

调用 WordCloud() 函数生成词云对象，其参数 font_path、mask、max_words、max_font_size、background_color、colormap 和 scale 的含义依次为词云的字体文件路径、背景图片、最大词频数、字体最大值、背景颜色、色系和缩放比例等。

| In[30] | `font_wc= r'C:\Windows\Fonts\msyhbd.ttc'`
`wc = WordCloud( font_path=font_wc, mask=bg_pic,max_`
`words=500,max_font_size=200,`
`            background_color='white',colormap= 'Reds_r',`
`scale=15.5)` |
| Out[30] | `' 中国 中央电视台 中国 中央电视台 此刻 '` |

font_wc 的值为本地字体文件所在的路径。注意，此路径可能在不同机器上有所不同，建议读者视自己的字体文件路径修改此路径。

用 generate() 和 plt.imshow() 函数生成词云。

| In[31] | `wc.generate(myText)`
`plt.rcParams["font.family"] = 'simHei'`
`plt.imshow(wc)`
`plt.axis('off')` |
| Out[31] | 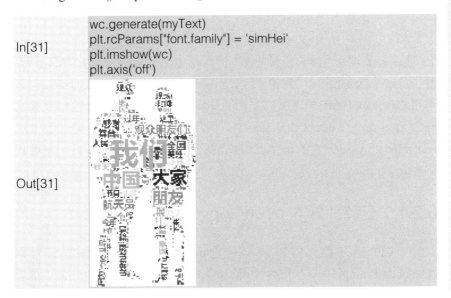 |

scale 的含义为"计算和绘图之间缩放比例"。注意，此比例过大会影响生成词云的速度，导致无法显示词云。

我们还可以调用 to_file() 函数导出词云对象 dc 至当前目录中，如导出文件名为 chun.jpg。

In[32]	wc.to_file('chun.jpg')
Out[32]	<wordcloud.wordcloud.WordCloud at 0x24de27a42b0>

调用 pynlpir 的 close() 函数关闭分词器对象，释放内存。

In[33]	pynlpir.close()

6.2　人脸识别与图像处理

Q&A

（1）Python 图像处理中常用的包有哪些？

【解答】Python 图像处理中常用的包有 OpenCV、PIL（Python Imaging Library）、scikit-image 等。本章采用的包是 OpenCV，提供了多种语言接口，本章采用的是 Python 接口，即 opencv-python。

（2）如何下载、安装与导入 opencv-python？

有时从 PIP 官方服务器下载速度慢，可以考虑从其国内镜像服务器下载。

【解答】下载与安装 opencv-python 的关键代码为 pip install opencv-python，导入的关键代码为 import cv2。

（3）怎样进行图像读入、显示、存储和灰度转换？

【解答】图像读入用到的函数为 cv2.imread()，显示用到的函数为 cv2.imshow() 和 cv2.waitKey()，存储用到的函数为 cv2.imwrite()，灰度转换用到的函数为 cv2.cvtColor()。

（4）怎样识别人脸与绘制长方形？

【解答】识别人脸与绘制长方形需要定义 opencv-python 包的层叠分类器（CascadeClassifier），关键代码为 faceCascade=cv2.CascadeClassifier()。调用 CascadeClassifier 提供的方法 detectMultiScale() 识别人脸，关键代码为 faceCascade.detectMultiScale()。调用 CascadeClassifier 提供的方法 rectangle()，在原图上为每个已检测到的人脸绘制长方形边框，关键代码为 cv2.rectangle()。

6.2.1　安装并导入 opencv-python 包

若 PIP 默认服务器下载速度太慢，建议改为国内镜像站点。

下载 Python 第三方扩展工具包 opencv-python，具体方法为在 Anaconda Prompt 中输入并运行 pip install opencv-python。OpenCV 是一

种常用的跨平台计算机视觉与机器学习工具库。目前，OpenCV 提供了数百个机器视觉工具包，本例采用其中的物体检测包 haarcascades 进行人脸识别。下载后，通过 Python 语句 import cv2 导入 opencv-python 包。

In[1]　　　　import cv2

6.2.2　读取图像文件

opencv-python 包的官网为 https://docs.opencv.org/，提供了详细的说明文档和丰富的参考资源。

调用 opencv-python 包中的 imread() 方法，读取图像文件 test.jpg 至图像对象 image。读者可以在本书配套资料中找到文件 test.jpg，如图 6-1 所示。

In[2]　　　　image = cv2.imread("images/test.jpg")

images 为示例文件夹名称，读者可以自行创建文件夹。图片 test.jpg 可以从本教材提供的配套数据集中找到。

图 6-1　文件 test.jpg 的内容

6.2.3　将 RGB 图像转换为灰度图

图 6-1 为彩色图，而 Out[4] 中的图为灰度图。

将彩色图像转换为灰度图像。由于即将调用的物体检测包 haarcascades 中人脸识别函数 detectMultiScale() 的参数为灰度图，在此将彩色图像 image 转换为灰度图对象 gray。具体方法为调用 pencv-python 包中的 cv2.cvtColor() 函数，参数 cv2.COLOR_BGR2GRAY 为 pencv-python 包的常量，意为将彩色图转换为灰度图。

In[3]　　　　gray = cv2.cvtColor(image,cv2.COLOR_BGR2GRAY)

调用 cv2.imshow() 函数显示新生成的灰度图对象 gray。其中，函数 cv2.imshow() 的参数 "Showing gray image" 和 gray 分别为显示窗口的名称和窗口显示的图像；函数 waitKey() 的功能为设置图像窗口的显示时长，waitKey(0) 的含义为一直显示图像窗口，直至用户关闭窗口为止。
显示结果如下所示。

In[4]	cv2.imshow("Showing gray image", gray) cv2.waitKey(0)
	-1
Out[4]	

6.2.4　人脸检测与绘制长方形

调用 opencv-python 包中的层叠分类器（CascadeClassifier）提供的方法 detectMultiScale() 检测图像中的人脸。CascadeClassifier 是 OpenCV 中常用的物体识别与检测工具包，它提供了不同物体（Object）的识别模板，模板内容以 XML 文件形式存储。本例采用的模板文件为 haarcascade_frontalface_default.xml。

更多模板请参考其官网 https://github.com/opencv/opencv/tree/master/data/haarcascades。

调用 CascadeClassifier 提供的方法 detectMultiScale()，检测灰度图 gray 中的人脸。参数 scaleFactor、minNeighbors 和 minSize 的含义分别为每轮检测图像窗口缩放比例、最小被检测到几次才能判定对象确实存在和检测对象的最小尺寸。

调用 CascadeClassifier 提供的方法 rectangle()，在原图 image 上为每个已检测到的人脸绘制长方形边框。cv2.rectangle() 的四个参数 (x,y)、(x+w,y+h)、(0,0,255) 和 8，依次为正方形边框的左上角的坐标（起始位置）、右下角的坐标（结束位置）、颜色和粗细。

In[5]	faceCascade=cv2.CascadeClassifier(cv2.data.haarcascades + "haarcascade_frontalface_default.xml") faces=faceCascade.detectMultiScale(gray,scaleFactor=1.1,mi nNeighbors=5,minSize=(30,30)) for (x,y,w,h) in faces: 　　cv2.rectangle(image,(x,y),(x+w,y+h),(0,0,255),8)

6.2.5 图像显示

调用 opencv-python 包中的方法 imshow() 显示已人脸检测并添加长方形边框的图像对象 image。

In[6]	cv2.imshow("Window Name", image) cv2.waitKey(0)
	−1
Out[6]	

6.2.6 图像保存

将用矩阵标识后的图像输出到当前工作目录下的文件夹 images 中，文件名为 test_fr.png。

In[7]	cv2.imwrite("images/test_fr.png",image)
Out[7]	True

images 和 test_fr.png 分别为图像保存的路径（文件夹）和文件名，读者可以自行修改。

小　结

本章主要讲解了 Python 中自然语言处理和图像处理的基本方法。初学者需要重点学习分词处理、自定义词汇、停用词处理、关键词处理和人脸识别的具体操作。在此基础上，继续学习本章知识有三点建议：一是访问本章讲解的两个 Python 第三方工具包 pynlpir 和 opencv-python 官网，继续学习更多的内容；二是学习更多的可用于自然语言理解和图像处理的 Python 第三方工具包，如 NTLK、spaCy、Jieba、PIL、scikit-image 等；三是继续深入学习自然语言理解和图像处理的原理。

习　题　6

（1）用于 Python 中文自然语言处理的包为（　　　）。

A. NTLK

B. spaCy

C. Jieba

（2）利用自然语言处理工具 pynlpir 进行分词处理的函数为（　　）。

（3）（　　）函数可以利用自然语言处理工具 pynlpir 自定义词汇。

A. pynlpir.AddUserWord()

B. nlpir.AddUserWord()

C. pynlpir.get_key_words()

D. pynlpir.nlpir.AddUserWord()

（4）在（　　）处填写合适的函数，使词云的背景颜色为白色。

```
wc=WordCloud(font_path='C:\Windows\Fonts\simhei.
ttf', ( ) ,mask=mask,max_words=600, max_font_
size=80,scale=20)
```

（5）专用于 Python 图像处理的包为（　　）。

A. OpenCV

B. Pandas

C. Numpy

D. NLTK

（6）专用于将彩色图像转换为灰度图像的是（　　）。

A. cv2.setColor

B. cv2.cvtColor()

C. cv2.imshow()

D. cv2.inshow()

（7）在代码 cv2.waitKey(0) 中，0 的含义为（　　）。

A. 显示图像窗后口的等待时间为 0 秒

B. 显示图像窗口的总时间为 0 秒

C. 一直显示图像窗口，直至用户关闭窗口为止

D. 跳过显示图像窗口

反侵权盗版声明

电子工业出版社依法对本作品享有专有出版权。任何未经权利人书面许可，复制、销售或通过信息网络传播本作品的行为；歪曲、篡改、剽窃本作品的行为，均违反《中华人民共和国著作权法》，其行为人应承担相应的民事责任和行政责任，构成犯罪的，将被依法追究刑事责任。

为了维护市场秩序，保护权利人的合法权益，我社将依法查处和打击侵权盗版的单位和个人。欢迎社会各界人士积极举报侵权盗版行为，本社将奖励举报有功人员，并保证举报人的信息不被泄露。

举报电话：（010）88254396；（010）88258888

传　　真：（010）88254397

E-mail：　dbqq@phei.com.cn

通信地址：北京市万寿路 173 信箱

　　　　　电子工业出版社总编办公室

邮　　编：100036